STML 大学生数学图书馆
STUDENT MATHEMATICAL LIBRARY 3

拓扑学导论

V. A. Vassiliev 著
盛立人 译

TUOPUXUE DAOLUN

高等教育出版社·北京
HIGHER EDUCATION PRESS BEIJING

International Press

Originally published in English in the title:
V. A. Vassiliev
Introduction to Topology
Copyright © 2013 by V. A. Vassiliev
All rights reserved

图书在版编目（CIP）数据

拓扑学导论 /（俄罗斯）瓦西里耶夫著；盛立人译 .
-- 北京：高等教育出版社，2013. 8（2025. 2 重印）
ISBN 978-7-04-037917-4

Ⅰ. ①拓… Ⅱ. ①瓦… ②盛… Ⅲ. ①拓扑 - 研究
Ⅳ. ① O189

中国版本图书馆 CIP 数据核字（2013）第 160266 号

Copyright © 2013 by Higher Education Press Limited Company and International Press

策划编辑 李 鹏　　责任编辑 李 鹏　　封面设计 赵 阳　　版式设计 余 杨
责任校对 孟 玲　　责任印制 刘弘远

出版发行	高等教育出版社	咨询电话	400-810-0598
社　　址	北京市西城区德外大街4号	网　　址	http://www.hep.edu.cn
邮政编码	100120		http://www.hep.com.cn
印　　刷	唐山市润丰印务有限公司	网上订购	http://www.landraco.com
开　　本	889 mm× 1194 mm 1/32		http://www.landraco.com.cn
印　　张	5	版　　次	2013 年 8 月第 1 版
字　　数	140 千字	印　　次	2025 年 2 月第 3 次印刷
购书热线	010-8581118	定　　价	35.00 元

本书如有缺页、倒页、脱页等质量问题，请到所购图书销售部门联系调换
版权所有　侵权必究
物 料 号　37917-00

《大学生数学图书馆》丛书序

改革开放以后, 国内大学逐渐与国外的大学增加交流. 无论到国外留学或邀请国外学者到中国访问的学者每年都有增长, 这对中国的科学现代化大有帮助. 但是在翻译外国文献方面的工作尚不能算多. 基本上所有中国的教科书都还是由本国教授撰写, 有些已经比较陈旧, 追不上时代了. 很多国家, 例如俄罗斯、日本等, 都大量翻译外文书本来增长本国国民的阅读内容, 对数学的研究都大有裨益. 高等教育出版社和美国国际出版社在征求海内外众多专家学者的意见的基础上, 组织了《大学生数学图书馆》丛书, 这套丛书选取海内外知名数学家编写的数学专题读物, 每本书内容精炼, 涵盖了相关主题的所有重要内容.

我们希望这套翻译书能够使我们的大学生从更多的角度来看数学, 丰富他们的知识. 本丛书得到了作者本人及海外出版公司的诸多帮助, 我们谨此鸣谢.

丘成桐 (Shing-Tung Yau)

2013 年 6 月

中译本序*

自本书第一版出版到现在已经 15 年了. 从那以后我曾多次参阅立足于本书的讲义教材, 并收集了一大批本课题教学中难以解释与难以理解的材料. 在本书的这一版中我对所有这些关键点从教学的角度作了更多扩充, 有时候这些扩充还特别详细.

中国的青年科学工作者属于当代数学最富有希望的一代. 当追求享乐和一夜暴富式成功的思想俘获了越来越多有才华的西方青年时, 许多科学家相信, 真正的高水平数学的延续与繁荣要依赖亚洲的、首先是中国未来的数学家. 对于那些在这条困难而愉快道路上刚刚起步的人, 如果我的书能帮得上忙, 那将善莫大焉.

V. A. Vassiliev

2012 年 6 月 2 日

*译者按: 本书中译本的翻译完成后, 译者获悉本书将有修订本出版, 但与作者联系后得知修订本的出版近期难以实现. 感谢作者寄来本书详细的修改稿, 译者根据修改稿进行了补译, 因此中译本与原著略有不同, 敬请读者注意.

前言

本书源自作者为莫斯科独立大学一二年级大学生开设课程的讲义.

拓扑学是一门非常美丽的科学. 它在几何与代数之间架起了一座桥梁. 它的理念与设想在几乎所有近代数学中扮演着关键角色: 诸如微分方程、力学、复分析、代数几何、泛函分析、数学量子物理、表示论乃至 —— 以一种令人吃惊的方式介入的 —— 数论、组合论及复杂性理论.

近年来从拓扑学涌现出来的大部分数学新理念来自几何图像, 并以更加代数化的方式体现出来. 由于这种原因, 拓扑学知识对任何数学研究的必要性的呼声极高. 可惜, 在俄罗斯以及其他一些国家, 即使是今天, 拓扑学仍不包含在多数大学数学系的基本课程里. 别的学科中一些严格的老师不得不在他们的课程中提供拓扑学的只言片语, 而大学生们在研究诸如分析学中的 Stokes 公式、复分析中的辐角原理与 Riemann 曲面、微分方程中的压缩映射原理与向量场奇点指标、组合数学中的 Euler 示性数、最优控制论中的区域定理、数学经济中的不动点定理等理论时, 还都不知道他们是在讨论同一个理论. 他们只能独自学习基本拓扑知识. (当然也有例外, 我的同辈莫斯科数学家们无疑受到极大的影响, 那是缘于我们的数学教育得益于国立莫斯科大学力学数学系由 D.B. Fuchs 于 1976—1977 年间所开设的特殊拓扑学 (非必修) 课程.)

几年以后 (晚于 20 世纪 80 年代, 早于 90 年代), 我在专门数学学院里为本科生与高等学院的大学生开设了引论性的拓扑学课. 我应当感谢莫斯科独立大学的管理部门给我这个机会, 将此课程在 1996 年的第二和第三学期列为独立大学的基本课程的一部分.

我更要感谢收录我的讲义并形成本书初稿的 V. V. Prasolov, 以及主动建议出版本书的 Phasis 出版社的负责人 V. B. Filippov.

本书保留了原始讲义的打印格式. 书中很少包含详细证明; 我尽可能多给一些例子, 并指出哪些内容在拓扑学中经常出现, 但通常并不去解释为什么会出现. 作为约定, 只有对那些本质上有意义以及有重要推广作用的材料才介绍它们的证明 (或证明概要).

最后, 下面是我建议的一批参考资料.

[1] J. W. Milnor, Topology from the differentiable viewpoint, The University Press of Virginia, Charlottesville, VA, 1965; Princeton University Press, Princeton, NJ, 1997.

[2] A. H. Wallace, Differential Topology, W. A. Benjamin, New York, 1968.

[3] V. V. Prasolov, Intuitive Topology, American Mathematical Society, Providence, RI, 1995.

[4] C. Kosniowski, A First Course in Algebraic Topology, Cambridge University Press, 1980.

[5] A. T. Fomenko and D. B. Fuchs, A Course in Homotopic Topology, Nauka, Moscow, 1989; 初版英译本, A. T. Fomenko, D. B. Fuchs, and V. L. Gutenmakher, Homotopic Topology, Akademiai Kiado, Budapest, 1986.

[6] V. A. Rokhlin and D. B. Fuchs, Beginner's Course in Topology. Geometric Chapters, Nauka, Moscow, 1977; 英译本, Springer-Verlag, Berlin-New York, 1984.

[7] M. M. Postnikov, Lectures in Algebraic Topology, Homotopy Theory of Cell Spaces, Nauka, Moscow, 1985 (in Russian).

[8] J. R. Munkres, Elementary Differential Topology, Ann. of Math. Studies, no. 54, Princeton University Press, 1966.

[9] J. W. Milnor, Morse Theory, Princeton University Press, 1963.

[10] J. W. Milnor, Lectures on the h-Cobordism Theorem, Princeton University Press, 1965.

[11] J. W. Milnor, Characteristic Classes, Notes by J. Stasheff, Princeton University, 1957.

[12] S. P. Novikov, Topology-1, Contemporary Problems of Mathematics, Fundamental Directions, Vol. 12, VINITI, Moscow, 1986; 英译本, Encyclopedia Math. Sci., Vol. 12, Springer-Verlag, Berlin-New York, 1988.

[1]–[4] 提供了拓扑学的几何直观基础, 宜于推荐给初学入门者.

[5] 的第 1, 2 章包含了诸如同伦群、胞腔空间的同伦理论和基本的 (上) 同调理论等材料. [8] 提供了光滑流形的一个引论, 而有关 Morse 理论的一个漂亮的解释包含在 [9] 和 [10] 中. [6] 对初学者来说不易读懂, 但我还是小心地推荐给读者; 因为它可以当作阅读本书前半部的详尽的手册或词典, 而在不多的情况下 [7] 能有助于补充 [6] 的不足. [11] 可能是目前最好的代数拓扑学教科书之一, 我希望读者能对之手不释卷. 最后, [12] 是一份有关拓扑学近代面貌的出色而广博的综述.

目录

第一章 拓扑空间及其运算

每一个宣讲拓扑学的人一开始都会言不由衷地说,拓扑学乃是研究几何对象的与距离、曲率以及其他度量无关的性质,即研究几何对象在连续形变下保持不变的性质.但我们宁可在本章末解释这番话的意义.

我们在前言中曾许诺过的有关拓扑学漂亮的几何构造与思想也将稍后给以解释,我们从一些定义开始.

拓扑学研究拓扑空间与它们的连续映射.

1.1 拓扑空间与同胚

定义 一个拓扑空间 X 是一个具有拓扑结构 τ (称为拓扑) 的集合.而一个拓扑结构 τ 是 X 的某子集族 $\tau \subset 2^X$,其元称为开集.开集族将满足下列性质:

(1) 任意族开子集的并为一开子集;

(2) 开集有限族的交为一开集;

(3) 空集 $\varnothing$ 与全集 X 为开集.

下面是一些拓扑空间的例子.

例 $\tau = 2^X$, 即将 X 中任一子集视为开集. 这等价于说每一点 $x \in X$ 为一开子集. 此拓扑称为离散拓扑.

有时候用拓扑基的方法引进拓扑 τ 是方便的. 一个拓扑 $\tau = \{V_\alpha\}$ 的基是一个子集 $\{W_\lambda\} \subset \tau$, 使得每一开集可以表示成 W_λ 的 (可能是无限的) 集族的并.

我们记得一个度量空间是一个集合 M, 其上允许定义一个满足下面性质的实值函数 $\rho: M \times M \to \mathbb{R}_+$:

(1) $\rho(x, y) = 0 \Leftrightarrow x = y$;

(2) $\rho(x, y) = \rho(y, x)$;

(3) $\rho(x, y) + \rho(y, z) \geqslant \rho(x, z)$.

例 (度量空间的拓扑) 对任意的 $x \in M$ 以及 $\varepsilon > 0$, 我们取所有开球

$$V_{\varepsilon,x} = \{y \in M | \rho(x, y) < \varepsilon\}$$

的集合作为一个度量空间的拓扑基.

空间 $\mathbb{R}^1$ 与 $\mathbb{R}^n$ 是度量空间. 这些空间中的标准拓扑便是相应度量空间的拓扑.

在空间 $\mathbb{R}^n$ 的拓扑中还可以选择另一个基. 这个基由半径为有理数、中心具有有理坐标的球组成. 这两个基确定了相同的拓扑, 但相比于前一个, 后者为一可数基.

练习 考虑 $\mathbb{R}^n$ 中由棱平行于坐标轴的平行多面体组成的基. 此拓扑是否定义另一个不同的拓扑?

例 ($\mathbb{R}^1$ 上一个另类拓扑) 对 $\mathbb{R}^1$ 中的开集, 我们取开集为通常意义下的开集, 但具有周期为 1 的周期性 (即对每一开集 U 有 $t \in U \Leftrightarrow t + 1 \in U$).

定义 一个子集 $A \subset X$ 称为闭集, 若其补集 $X \backslash A$ 为开集. 一个子集 $A \subset X$ 的闭包 $\bar{A}$ 是包含 A 的最小闭集.

定义 拓扑空间 X 到拓扑空间 Y 的映射 $f: X \to Y$ 称为对已给拓扑是连续的, 若 Y 中每一开集的原像在 X 中为开集.

问题 试证明, 对于具有通常拓扑的空间 $X = Y = \mathbb{R}^1$, 此连续性定义与分析学中的 (ε, δ) 定义等价.

具有离散拓扑的空间 X 的任一映射 $f: X \to Y$ 均为连续.

定义 拓扑空间 X 的一个无限点列 $x_1, x_2, \cdots$ 收敛于点 $x \in X$, 若对含有 x 的任意开子集 $U \subset X$, 有数 n 使此列中所有满足 $i \geqslant n$ 的点 x_i 均属于 U.

诱导拓扑 令 Y 为一拓扑空间, 而 $X \subset Y$ 为一子集. 可以在 X 中引进一个拓扑, 办法是将 X 与 Y 中开子集的交集视为 X 中的开子集. 此拓扑称为诱导拓扑.

在更一般的框架下, 诱导拓扑的定义如下. 令 Y 为一拓扑空间, $f: X \to Y$ 为一映射. X 中的诱导拓扑由 Y 中开集的所有原像组成. (从而此映射对于诱导拓扑为连续.) 对于一个子集 $X \subset Y$ 的包含映射 f, 我们重又得到上文所说的诱导拓扑.

有关图形的注 当我们画出一张图, 例如平面上的曲线或空间中的曲面, 则意味着这些曲线或曲面上的拓扑由背景空间 $\mathbb{R}^2$ 或 $\mathbb{R}^3$ 中通常拓扑所诱导.

定义 一个映射 $f: X \to Y$ 称为同胚, 若此映射为连续且为一对一, 并且其逆映射 $f^{-1}: Y \to X$ 亦为连续. 如果同胚 $X \to Y$ 存在, 则空间 X 与 Y 称为同胚. 此时可写成 $X \approx Y$.

拓扑学研究拓扑空间以及连续映射, 乃至同胚映射.

例 正方形的边界与圆的边界同胚 (见图 1, 此时同胚便是让点 A 对应于点 B).

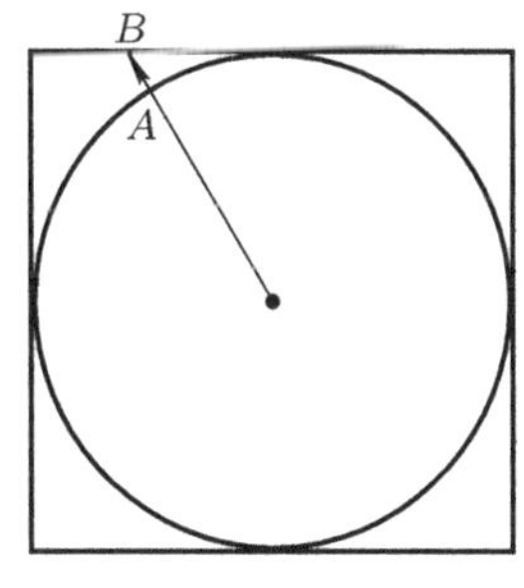

图 1

练习 a) 证明线段 [0,1] 与区间 (0,1) 在两者均具有离散拓扑的情形下同胚.

b) 证明线段与区间在两者均具有通常拓扑情形下不同胚.

c) 图 2 中的两个图形是否同胚?

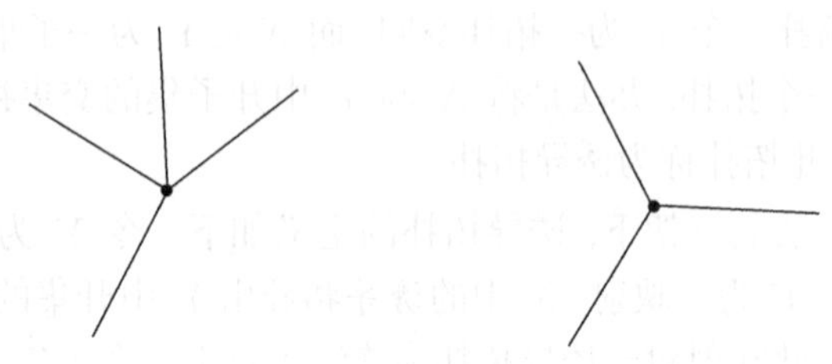

图 2

Hausdorff 性质 一个拓扑空间称为 Hausdorff 空间, 若两个不同的点 $x, y \in X$ 具有不相交的邻域 (所谓一个点 x 的邻域意即任一含有 x 的开集).

1.2 拓扑空间上的拓扑运算

积空间 $X \times Y$ 令 X 与 Y 为两个拓扑空间. 那么我们可以赋予笛卡儿积 $X \times Y$ (即点偶 (x, y) 的集, 其中 $x \in X, y \in Y$) 以通常的积拓扑, 办法是取 X 与 Y 中开集的笛卡儿积为拓扑基的元.

问题 令 $X = \mathbb{R}^1$ 具有坐标 t (暂不假定 $\mathbb{R}^1$ 上有拓扑), 再令 Y 为一环面 $T^2 = S^1 \times S^1$, 具有角坐标 φ, ψ. 可以把环面设想成面包圈的表面. 取表达式 $\varphi(t) = \alpha t \bmod 2\pi, \psi(t) = \beta t \bmod 2\pi$ 给出的映射 $X \to Y$. 试描述此映射在 $X = \mathbb{R}^1$ 上的诱导拓扑. 再问此拓扑如何依赖于数 α 与 β?

商拓扑 设在拓扑空间 X 中已给一等价关系 $\sim$, 即给出一个由下法选择的子集 $A \subset X \times Y$:

(1) 对所有 $x \in X, (x, x) \in A$;

(2) $(x, y) \in A \Rightarrow (y, x) \in A$;

(3) $(x, y), (x, z) \in A \Rightarrow (y, z) \in A$.

那么在等价类 $X/\sim$ 的集上用如下方法定义的拓扑称为*商拓扑*. 如果一个集合 U 在正则投射 $X \to X/\sim$ 下的原像为开集, 则它为开集. 具有这个商拓扑的空间 $X/\sim$ 称为 X 关于 $\sim$ 的*商空间*.

例 $X = \mathbb{R}^1$. 设我们有下面的等价关系: $a \sim b \Leftrightarrow \exists\ \lambda \neq 0 : a = \lambda b$. 那么 $X/\sim$ 由两点组成. 其中一个点为开集, 另一个不是.

任一子空间 $Z \subset X$ 在 X 上定义一个等价关系: $x \sim y$, 若或者 x 与 y 两者均属于 Z, 或者 $x = y$. 此时相应的拓扑商空间记为 X/Z.

问题 令 X 为所有 2×2 实矩阵的空间

$$X = \left\{ \begin{pmatrix} a & b \\ c & d \end{pmatrix} \right\} = \mathrm{End}(\mathbb{R}^2).$$

等价关系定义为 $A \sim B \Leftrightarrow A = LBL^{-1}$, 其中 L 为一可逆矩阵. 试描述商集 $X/\sim$ 与商拓扑.

定义 一个拓扑空间 X 称为*道路连通的*, 若对其中的任意一对点 x, y 存在一个连续映射 $f : [0,1] \to X$ 使 $f(0) = x, f(1) = y$. 一个拓扑空间的最大道路连通拓扑子空间称为*道路连通分支*, 或简称*道路分支*.

问题 显然, 归属 X 的同一道路连通分支定义一个等价关系. 相应的商拓扑是否离散?

纬垂 令 X 为一拓扑空间. 纬垂 ΣX 定义为商空间 $X \times I/\sim$, 其中 I 为线段 $[-1, 1]$, 等价关系如下:

对 $\lambda \neq -1, 1, (x, \lambda) \sim (y, \mu) \Leftrightarrow x = y, \lambda = \mu$;

对所有 $x, y \in X, (x, 1) \sim (y, 1)$;

对所有 $x, y \in X, (x, -1) \sim (y, -1)$.

换言之, 取一个*柱面* $X \times I$, 将其上底 $X \times \{1\}$ 压缩成一点, 再将其下底 $X \times \{-1\}$ 压缩成一点, 即得纬垂 (见图 3).

例 n *维球面* S^n 是一个拓扑空间, 它同胚于 $\mathbb{R}^{n+1}$ 中的由方程 $x_1^2 + \cdots + x_{n+1}^2 = 1$ 确定的点集. 可以证明 $\Sigma S^n \approx S^{n+1}$ (此结论对 $S^0 = \{-1, 1\}$ 也成立).

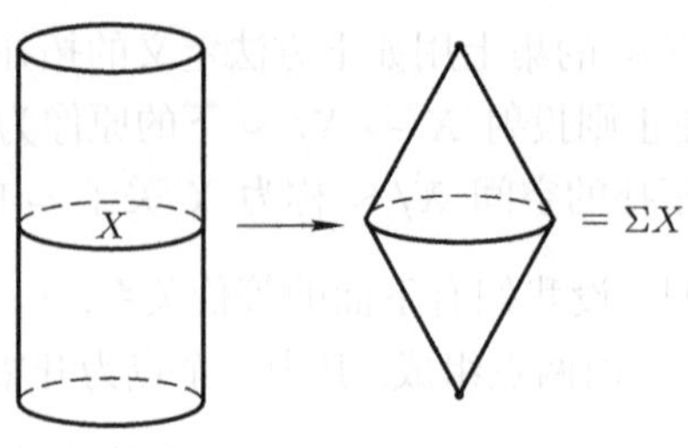

图 3

用映射黏合一个拓扑空间 令 X 与 Y 为不交的拓扑空间, 令 $A \subset X$, $\varphi : A \to Y$ 为一连续映射. 那么用映射 φ 将 X 黏合于 Y 的运算, 便产生空间

$$Y \cup_\varphi X = (X \cup Y)/\{a \sim \varphi(a)\};$$

这个运算的意思是, 一个点 $a \in A$ 等价于点 $\varphi(a)$, 而任一不在 A 中也不在 φ 的像中的点则等价于自身.

集合 $X \cup Y$ (此处并集理解为通常意义下的并) 也可以处理成映射的黏合运算: 先分开来考虑空间 X 与 Y, 再用恒等包含映射 $X \cap Y \hookrightarrow Y$ 将 X 黏合于 Y.

统联 $X * Y$ 空间 $X * Y$ 可以如下理解: 将 X 的每一点与 Y 的每一点用一条线段相连, 而后取所有这些线段的并 (这些线段不允许有公共内点). 例如 $S^0 * S^0 \approx S^1$ (见图 4). 形式的定义是

$$X * Y = X \times [-1, 1] \times Y/\sim,$$

其中等价关系按如下规则进行:

对 $\lambda \neq -1, 1$, 每点 (x, λ, y) 等价于自身;

对所有 $x \in X$ 及 $y, y' \in Y, (x, -1, y) \sim (x, -1, y')$;

对所有 $x, x' \in X, y \in Y, (x, 1, y) \sim (x', 1, y)$.

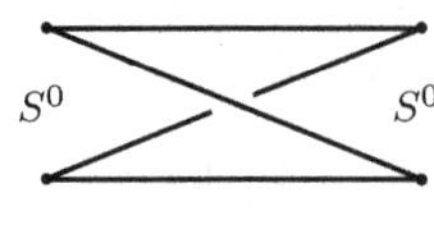

图 4

1.3 紧 性

定义 一个拓扑空间 (X,τ) 称为紧空间, 若 X 的任一开集覆盖 (即一个开集族, 其并与 X 一致) 允许有一个有限子覆盖.

下面定理在分析学里已经证明过.

定理 Euclid 空间 $\mathbb{R}^n$ 的一个子集赋有紧的诱导拓扑, 其充分必要条件是此子集为有界闭集.

例如球面 S^m 与线段 [0,1] 为紧空间, 但空间 $\mathbb{R}^n$ 与区间 $(0,1)$ 则非紧.

命题 同胚保持紧性. 紧空间的笛卡儿积、纬垂与统联仍为紧空间. 如果三个空间 $X, A\subset X, Y$ 均为紧, 则用连续映射 $\varphi: A\to Y$ 将 X 黏合于 Y 的结果也将得到一个紧空间.

练习 所有可逆 $n\times n$ 矩阵的群 $GL(\mathbb{R}^n)$ 是否为紧空间? 它的由正交矩阵构成的子群 $O(n,\mathbb{R})$ 是否也为紧空间?

定义 拓扑空间 X 称为列紧的, 若 X 中任意无限点列 $x_1, x_2,\cdots$ 有一个收敛于 X 中某点的无限子列.

定理 设拓扑空间 X 具有可数基, 则 X 为紧空间的充要条件是 X 为列紧空间.

练习 试对 $\mathbb{R}^n$ 中的拓扑子空间证明此定理.

命题 列紧拓扑空间在连续映射下的像为列紧空间.

第二章　同伦群与伦等价

定义　两个连续映射 $f, g: X \to Y$ 称为同伦 (记为 $f \sim g$), 若 f 可以在连续映射类中连续形变为 g, 即存在一个起于 f 终于 g 的单参连续映射族. 其形式上要求如下: 存在一个连续映射 $F: X\times[0,1] \to Y$ 使对所有 $x \in X$ 有 $F(x,0) = f(x), F(x,1) = g(x)$. 这个映射与每一 $\lambda \in [0,1]$ 联系上映射 $f_\lambda: X \to Y, f_\lambda(x) = F(x,\lambda)$. 所有这些映射均连续, 且又连续依赖于 λ.

拓扑学可以很好地研究识别问题. 例如, 我们常常关心什么时候两个拓扑空间 Y 与 Y' 同胚. 借助于同伦, 我们最终可以研究某一拓扑空间 X 到 Y 以及到 Y' 的映射. 例如取 X 为圆 S^1, 我们就得到映射的等价类的一个离散集; 这个集可被充分地研究. 如果能证明对应于 Y 与 Y' 的这些集不相同, 则 Y 肯定与 Y' 不会同胚.

可以证明这些集具有群的结构; 这个相应的群便是所谓拓扑空间的基本群.

2.1　拓扑空间的基本群

确定拓扑空间 Y 上一个点 y_0 以及圆 S^1 上的一个点 $*$. 考虑将 $*$ 映到 y_0 的连续映射 $f: S^1 \to Y$ 的集. 在这个集中能给出下面

的等价关系：两个映射 $f, g: S^1 \to Y$ 称为等价，若存在一个 f 与 g 之间的同伦 F，使同伦族的每一映射将基点 $*$ 映成 y_0，即对所有 $\lambda \in [0,1]$ 有 $F(*, \lambda) = y_0$. 以这种等价关系为模的等价类的集称为空间 Y 的基本群，记为 $\pi_1(Y, y_0)$. 对非道路连通空间 Y，通常我们不会考虑它的基本群.

问题 证明:

1) $\pi_1(Y, y_0)$ 是一个群，满足自然的群运算;

2) 对一个道路连通空间 Y，群 $\pi_1(Y, y_0)$ 在某种意义下，与基点 y_0 的选择无关 (也就是说，群 $\pi_1(Y, y_0)$ 与群 $\pi_1(Y, y_1)$ 同构，尽管它们不是标准的同构: 任一联结 y_0 与 y_1 的道路确定一个同构);

3) $\pi_1(Y, y_0)$ 是空间 Y 的一个拓扑不变量，即同胚空间的基本群必为同构.

后文将给出此问题的解答，但请自行试着求解.

可以在基本群的定义中，用线段 [0,1] 到空间 X (并将此线段两个端点对应于基点 x_0) 的映射代替映射 $S^1 \to X$. 这样的映射称为闭路.

闭路空间 $\Omega(X, x_0)$ 即连续映射 $(S^1, *) \to (X, x_0)$ 的集合. 基本群的元与此空间 $\Omega(X, x_0)$ 的连通分支一一对应 (我们暂不详细说明此集上的自然拓扑).

基本群的性质

1. 若 X 与 X' 同胚，则集合 $\pi_1(X)$ 与集合 $\pi_1(X')$ 有一自然的一一对应. 事实上，考虑一个令基点 $x_0 \in X$ 对应 $x_0' = h(x_0)$ 的同胚 $h: X \to X'$，则对每一闭路 $\varphi: (S^1, *) \to (X, x_0)$ 我们就可联系上一个闭路 $\psi = h \circ \varphi: (S^1, *) \to (X', x_0')$.

2. 群结构. 粗略地说，两条道路的合成的定义如下: 先沿第一条道路，再沿第二条道路. 形式定义如下: 令 φ 与 ψ 为两个使 $0, 1$ 对应于 x_0 的映射 $[0,1] \to X$，则闭路 φ 与 ψ 的合成便是闭路 $\chi = \psi\varphi$，使得

$$\chi(t) = \varphi(2t), \qquad 0 \leqslant t \leqslant \frac{1}{2},$$
$$\chi(t) = \psi(2t-1), \quad \frac{1}{2} \leqslant t \leqslant 1.$$

若闭路 φ', ψ' 分别与闭路 φ, ψ 同伦, 则闭路 $\chi' = \psi'\varphi'$ 与闭路 $\chi = \psi\varphi$ 同伦.

群的 (同伦下的) 结合律几乎是显然的: 可用再参量化线段来证明这一点.

群的单位元是常值映射 $S^1 \mapsto x_0 \in X$ 的同伦类. 由一闭路给定元的逆元, 由反方向行进的同一条闭路表示. 一条闭路 φ 与相反方向的同一条闭路的合成同伦于常值映射: 同伦 $\Phi_\lambda, \lambda \in [0,1], \Phi_1 = \varphi^{-1} \circ \varphi, \Phi_0 \equiv x_0$ 由 $\Phi_\lambda(t) = \varphi(2\lambda t), t \leqslant 1/2$ 与 $\Phi_\lambda(1/2 + \tau) = \Phi_\lambda(1/2 - \tau)$, 对所有 $\tau \in [0, 1/2]$ 给出.

是否存在一个空间 X 具有非平凡的群 $\pi_1(X)$?

例 $\pi_1(S^1) = \mathbb{Z}$.

这个结论的证明基于这样的事实, 使基点对应于基点的连续映射 $S^1 \to S^1$ 以自然方式一一对应于连续函数 $f : [0,1] \to \mathbb{R}^1, f(0) = 0$ 且 $f(1) \in \mathbb{Z}$. 事实上, 考虑映射 $\alpha : \mathbb{R}^1 \to S^1, \alpha(t) = e^{2\pi i t}$. 取 $\mathbb{C}^1$ 中单位圆的点 1 为 S^1 中的基点. 给出任意映射 $\phi : (S^1, 1) \to (S^1, 1)$, 而考虑映射 $\phi \circ \alpha : [0,1] \to S^1$, 并将之提升成一个映射 $f : S^1 \to \mathbb{R}^1$ 使得 $f(0) = 1$ 且对任意 $t \in [0,1]$ 有

$$\alpha \circ f(t) \equiv \phi \circ \alpha(t).$$

此方程确定 $f(t)$ 的值, 这些值之间相差任意整数, 但需要附加条件: 映射应为连续, 且对任意 t 只有唯一选择. 值 $f(1)$ 由于 $\alpha(f(1)) = 1$ 将为一整数. 此整数称为映射 ϕ 的指标.

如果 $\varphi(1) = i$, 则对任一与原闭路同伦的闭路, 我们得到同一整数 i. 事实上因为此数在同伦之下必须连续变化, 故作为一个整数只能不变.

具有同一指标 i 的所有闭路的集为道路连通的, 即所有这样的映射均两两同伦. 事实上, 对于具有同一指标 i 的两个函数 φ, φ_1, 我们考虑函数 $\lambda\varphi + (1-\lambda)\varphi_1, \lambda \in [0,1]$. 此函数对应于指标为 i 的一个闭路. 那么函数族 $\lambda\varphi + (1-\lambda)\varphi_1$ 便是联结 φ 与 φ_1 的同伦.

问题 对 $n \geqslant 2$ 计算 $\pi_1(S^n)$.

2.2 高阶同伦群

为解决拓扑空间 X 与 X' 的识别问题, 方便的办法是选择一个模型空间 A 并考虑连续映射 $A \to X$ 的伦等价类的集 $[A, X]$. 根据特定的问题, 可以选择一个适当子空间 $B \subset A$ 并固定映射 $B \to X$.

设点 $a_0 \in A$ 与点 $x_0 \in X$ 固定. 在所有使 a_0 对应于 x_0 的映射 $A \to X$ 的集上, 同伦提供一个等价关系. 将所有等价类的集记为 $\Pi(A, X)$. 集 $\Pi(S^n, X)$ 也记成 $\pi_n(X)$.

让我们在集 $\pi_n(X)$ 中引进群的结构. (群 $\pi_n(X)$ 称为 n 维同伦群, 或第 n 同伦群.)

练习 令 B^n 为 $\mathbb{R}^n$ 中的一个 n 维圆盘 (球), 以 S^{n-1} 为边界, 则商空间 B^n/S^{n-1} 同胚于 S^n.

推论 对任一拓扑空间 X, 映射 $(S^n, a_0) \to (X, x_0)$ 的集恒同于将球的整个边界 $S^{n-1} = \partial B^n$ 映成点 x_0 的映射 $B^n \to X$ 的集. 这个双射确定了这样的映射的同伦类之间的一一对应.

当然, 我们可以用 n 维立方体与它的边界来代替球 B^n 与球面 S^{n-1}.

设给定映射 $\varphi, \psi : S^n \to X$. 我们打算定义它们的合成 $\psi\varphi : S^n \to X$. 可以将 φ, ψ 两者视为使 ∂B^n 对应于 x_0 的映射 $B^n \to X$, 其中 B^n 看作坐标为 $x_1, \cdots, x_n$ 的空间 $\mathbb{R}^n$ 中的单位球. 我们用赤道平面 $x_0 = 0$ 切割方程为 $x_0^2 + \cdots + x_n^2 = 1$ 的球面 $S^n \subset \mathbb{R}^{n+1}$. 可设基点位于赤道截面上. 那么映射 $\psi\varphi : S^n \to X$ 定义如下.

在上半球面令它与映射 $\varphi \circ p$ 一致 (其中 p 表示投射 $\mathbb{R}^{n+1} \to \mathbb{R}^n, (x_0, x_1, \cdots, x_n) \mapsto (x_1, \cdots, x_n)$), 在下半球面个它与 $\psi \circ ip$ 一致, 其中 $i : \mathbb{R}^n \to \mathbb{R}^n$ 表示圆盘 B^n 的对合映射 $(x_1, x_2, \cdots, x_n) \mapsto (-x_1, x_2, \cdots, x_n)$. 由于映射 φ, ψ 在其定义的公共域上相协调, 即它们将赤道球面 S^{n-1} 映成基点, 故得到的映射 $S^n \to X$ 是连续的. 显然映射 $\psi\varphi$ 的同伦类仅依赖于 ψ 与 φ 的同伦类.

问题 证明上面所用的合成映射使 $\pi_n(X)$ 具有群结构.

任一连续映射 $S^n \to X$ 称为 n 维球面映射.

定理 对 $n > 1$, 群 $\pi_n(X)$ 为交换群.

我们来证明 $n=2$ 的情形. 我们用直径将圆盘 B^2 分成两个半圆盘, 并固定这些半圆盘到标准圆盘的保定向同胚 i_+, i_-. 那么同伦类 $\psi\varphi$ 可以用一个映射 $B^2 \to X$ 来实现, 这个映射在上半圆盘中等于 $i_+ \circ \psi$, 在下半圆盘中等于 $i_- \circ \varphi$ (见图 5). 乘积 $\psi\varphi$ 的作法将前述映射诱导为映射 $B^2 \to S^2$, 它将直径映射成赤道, 而将整个边界映射成基点. 现在让我们旋转分隔两个半圆盘的直径 (见图 6). 对一个角 α 以 L_α 记映射 $B^2 \to B^2$, 它表示一个围绕中心、角为 α 的旋转. 以 $\psi\varphi_\alpha, \alpha \in [0,\pi]$ 记一个映射, 此映射在旋转直径的一侧与 $\varphi \circ L_{-\alpha}$ 一致, 在另一侧与 $\psi \circ L_{-\alpha}$ 一致. 而角为 π 的旋转正好交换映射 φ 与 ψ 的同伦类, 即映射 $\psi\varphi_\pi$ 在上 (下) 半圆盘上的限制同伦于映射 $\varphi\psi_0$ 在同一半圆盘上的限制, 且其同伦在这些半圆盘上分别保持下来, 因为两个映射在其公共边界上一致 (且将它映射成 X 的基点). 这样我们就得到映射 $\psi\varphi$ 与映射 $\varphi\psi$ 间的一个同伦.

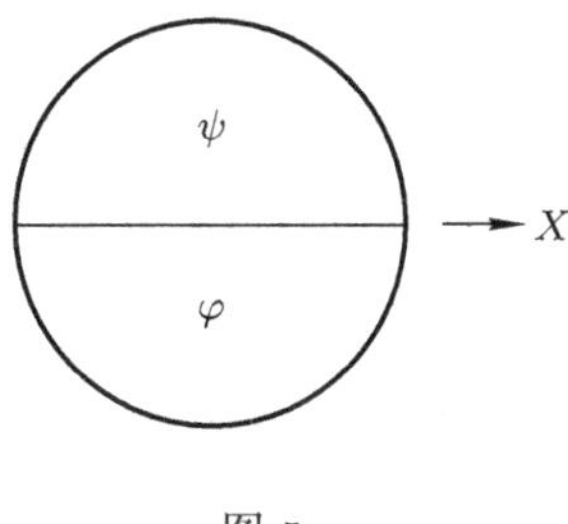

图 5

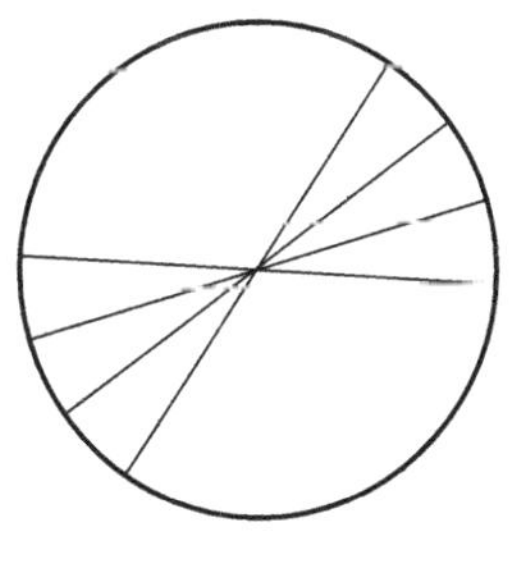

图 6

对 $n>2$ 的证明在字面上完全一样.

群 $\pi_n(X)$ 构成一个拓扑不变量的集：同胚空间有同构的同伦群. 对任意空间 A, 集合 $\Pi(A,X)$ 构成一个更一般的拓扑不变量的类. 但若集合 $\Pi(A,X)$ 没有进一步的代数结构, 则对应的不变量意义并不大.

进一步问题 对什么空间 A, 集合 $\Pi(A,X)$ 对任意 X 有一自然的群结构? (部分解答: 若 $A=\Sigma B$, 则 $\Pi(A,X)$ 为一群, 若 $A=\Sigma\Sigma C$, 则它是个 Abel 群.)

在一些非同胚的拓扑空间的例子中, $\Pi(X,A)$ 与 $\Pi(A,X)$ 的不变量则不易区别. 一个较弱的等价关系, 所谓伦等价, 有时候比同胚更有用.

定义 拓扑空间 X 与 X' 称为伦等价, 若存在连续映射 $f: X\to X'$ 与 $g: X'\to X$ 使合成映射 fg 与 gf 分别与恒等映射 id_X, id_Y 同伦. 这样的映射 f 与 g 称为伦等价映射.

当然, 同胚空间为伦等价. 一般说来, 反过来的结论并不成立.

例 柱面 $I\times S^1$ 与圆 S^1 为伦等价. 此伦等价 $f: S^1\to I\times S^1$ 具有形式

$$f: S^1\to\{0\}\times S^1\subset I\times S^1,$$

而伦等价 $g: I\times S^1\to S^1$ 由柱面到其下底 $\{0\}\times S^1$ 的投射与同胚 f^{-1} 的合成得出 (见图 7).

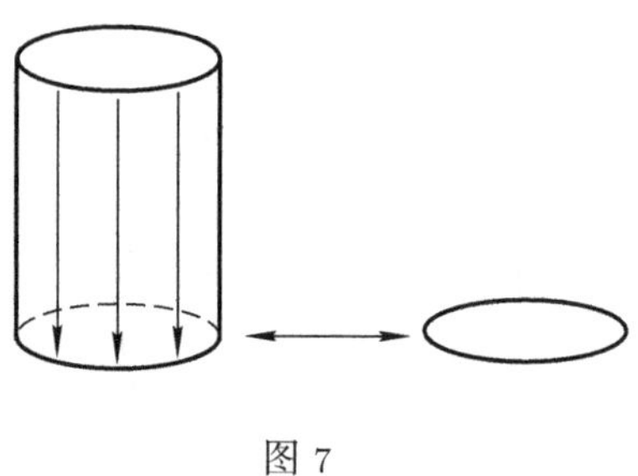

图 7

命题 如果两个拓扑空间 X 与 X' 为伦等价, 则它们的所有同伦群为同构, 且对每一 A, 在集 $\Pi(A,X)$ 与集 $\Pi(A,X')$ 之间存在一个自然的一一对应, 如同在集 $\Pi(X,A)$ 与集 $\Pi(X',A)$ 之间一样.

练习 证明对 $n \geqslant 2$, $\pi_1(S^n)=0$.

练习 证明: 映射 $\varphi: S^k \to X$ 定义群 $\pi_k(X)$ 的零元的充要条件是, 映射 φ 可以扩张成球面 S^k 所包围的闭圆盘 D^{k+1} 上的连续映射.

对基点的依赖性 同伦群的定义中含有基点. 如果基点改变则情况如何? (我们只考虑道路连通空间 X; 对非连通空间, 每一道路分支必须分开处理.) 有一个方法可使 $\pi_1(X,x_0)$ 与 $\pi_1(X,x_0')$ 恒同起来, 但此恒同方法并非唯一. (所谓恒同是指群之间的一个同构作法).

就是说, 可以用下法定义群 $\pi_1(X,x_0)$ 与群 $\pi_1(X,x_0')$ 之间一个同构. 考虑一条联结 x_0 与 x_0' 的道路 l. 对一个初点为 x_0' 的闭路, 我们用一个初点为 x_0 的闭路与之联系起来, 它由三部分组成:

- 出发部分是由 x_0 到 x_0' 的道路 l,
- 第二部分是原有的初点为 x_0' 的闭路,
- 最后部分是反过来从 x_0' 到 x_0 的道路 l^{-1}.

可以容易地证明此闭路诱导基本群间的映射

$$\pi_1(X,x_0') \to \pi_1(X,x_0),$$

即将同伦闭路映成同伦闭路. 映射

$$\pi_1(X,x_0) \to \pi_1(X,x_0')$$

可以用 x_0' 到 x_0 的反路径 l^{-1} 相仿地作出.

也可以容易地证明, 上述构造的映射互逆且保持群运算. 对前一个结论只要验证闭路 $ll^{-1}all^{-1}$ 与 a 同伦即可, 对第二个结论只要验证闭路 $l^{-1}abl$ 与闭路 $l^{-1}all^{-1}bl$ 同伦即可. 在这两个验证里我们都用到 ll^{-1} 被消去这一事实.

现令 l 与 l' 为从 x_0 到 x_0' 的两条道路. 对不同的道路如何来确定同构? 要了解此事, 让我们用道路 l 将 $\pi_1(X,x_0')$ 映至 $\pi_1(X,x_0)$, 而后用道路 $(l')^{-1}$ 将 $\pi_1(X,x_0)$ 反过来映至 $\pi_1(X,x_0')$. 一条初点为 x_0' 的闭路 a 在此映射下首先被映至闭路 $l^{-1}al$, 而后被映至闭路 $l'l^{-1}a(l'l^{-1})^{-1}$. 这里 $l'l^{-1}$ 是一条初点为 x_0' 的闭路 c. 于是, 上面

所作的群 $\pi_1(X, x_0')$ 的自同构具有形式 $a \mapsto cac^{-1}$, 其中 c 是此群的一个固定元. 这样一类自同构常称内自同构.

因此一个同构 $\pi_1(X, x_0) \to \pi_1(X, x_0')$ 在相差一个内自同态时被明确定义.

同伦群 $\pi_n(X, x_0')$ 与 $\pi_n(X, x_0)$ 的同构可以相仿作出. 此时必须将点 x_0' 处的球面映射与初点 x_0 处的球面映射相关联. 我们取球面的北极作为球面的基点. 考虑球面被平行于赤道的平面截出的截平面. 将每一这样的截面在北半球中压缩成一个点 (见图 8). 结果我们得到一个黏合一条线段的球面. 将此线段映至一条联结点 x_0 与点 x_0' 的道路 l, 而将球面按基点为 x_0' 的球面映射进行映射, 这样我们就将 x_0' 处的球面映射与 x_0 处的球面映射联系起来. 这个映射诱导了同伦群之间的一个映射

$$\pi_n(X, x_0') \to \pi_n(X, x_0).$$

此映射保持群运算. 其逆映射可用 x_0' 到 x_0 的反向道路作出. 于是我们得到一个与道路选择有关的同构.

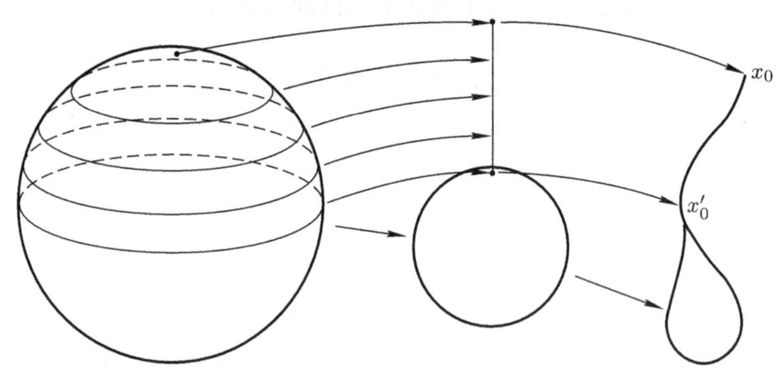

图 8

定义　令 A 与 B 分别是基点 $a_0 \in A$ 与 $b_0 \in B$ 的拓扑空间. 考虑 A 与 B 的不交并, 并以黏合点 a_0 与点 b_0 为模作等价关系 $a_0 \sim b_0$. 这样得到的拓扑空间称为 A, B 空间的楔积, 记为 $(A, x_0) \vee (B, b_0)$.

练习　证明群 π_1 非平凡地作用于群 $\pi_k(S^k \vee S^1)$ 上.

同伦群的函子性质 任何一个将基点映成基点的连续映射 $f: X\to X'$, 对每一 $i\geqslant 1$ 确定了一个同态 $f_*:\pi_i(X)\to\pi_i(X')$: 将球面映射 $\varphi: S^i\to X$ 的类映成球面映射 $f\circ\varphi$ 的类. 如果 f 为伦等价, 则 f_* 为一同构. 更一般地, 下面结论成立.

定理 若空间 X 与 X' 为伦等价, 则对任一拓扑空间 Y, 在集 $\Pi(Y,X)$ 与集 $\Pi(Y,X')$ 之间存在一一对应. 同样的结论对于将基点映射成基点的同伦类也成立; 若 Y 为一球面, 则此对应关系相当于群运算.

(有时候假设 Y 是一个带有基点的空间是方便的, 因为我们可以考虑保基点的同伦变换. 对于有基点或无基点的空间, 定理的结论和证明均成立.)

这种对应关系的要求可以用伦等价变换 $f: X\to X'$ 与 $g: X'\to X$ 的合成简单地给出, 即映射 $\varphi: Y\to X$ 关联映射 $f\circ\varphi: Y\to X'$, 而映射 $\psi: Y\to X'$ 关联映射 $g\circ\psi: Y\to X$. 这些映射都是两两互逆. 事实上, 这样一个映射与映射 $\varphi: Y\to X$ 的合成是映射 $g\circ f\circ\varphi$, 它因为 $g\circ f$ 与恒等映射同伦而与 φ 同伦. 同样显然地, 与同伦的映射 φ 与 φ' 相关联的映射 $f\circ\varphi$ 与 $f\circ\varphi'$ 也同伦.

上述恒同关系的作法依赖于伦等价映射 f 与 g 的选择.

这个恒同关系在下述意义下可称为 Y 上的自然 (或函子) 恒同. 设给定空间 Y' 及映射 $\lambda: Y\to Y'$, 则我们有一映射 $\Pi(Y',X)\to\Pi(Y,X)$, 它将 $\varphi': Y'\to X$ 映成映射 $\varphi=\varphi'\circ\lambda: Y\to X$. 映射 $\Pi(Y',X')\to\Pi(Y,X')$ 可以相仿地定义. 此外, 出现在伦等价 $X\sim X'$ 定义中的映射 $X\to X'$ 与 $X'\to X$ 的合成提供了恒同关系 $\Pi(Y,X)\leftrightarrow\Pi(Y,X')$, $\Pi(Y',X)\leftrightarrow\Pi(Y',X')$, 从而我们得到下图

$$\begin{array}{ccc}\Pi(Y,X) & \leftrightarrow & \Pi(Y,X')\\ \uparrow & & \uparrow\\ \Pi(Y',X) & \leftrightarrow & \Pi(Y',X')\end{array}$$

而业已存在的一一对应关系保证上面定理在 Y 上是自然 (函子) 的, 即对任何 Y, Y' 及任何连续映射 $\lambda: Y\to Y'$ 此图为交换图; 这意思是说, 所有图中允许的路径在沿箭头行进时都得出同一结果. 换言之, 每一元映至另一元或同一元时都与所选择的箭头的序列无关.

同样, X 与 X' 间的伦等价提供了 $\Pi(X,Z)$ 与 $\Pi(X',Z)$ 的恒同关系. 此对应关系在 Z 上为函子的, 即对一映射 $Z' \to Z$,

$$\begin{array}{ccc}\Pi(X,Z') & \leftrightarrow & \Pi(X',Z') \\ \downarrow & & \downarrow \\ \Pi(X,Z) & \leftrightarrow & \Pi(X',Z)\end{array}$$

为交换图.

伦等价空间的例

1. X 与 $I \times X$ 伦等价.

2. Möbius 带与 S^1 伦等价.

3. 具有非零行列式的 $n \times n$ 矩阵的拓扑空间 $GL(\mathbb{R}^n) \equiv GL(n,\mathbb{R})$ 伦等价于正交矩阵空间 $O(\mathbb{R}^n) \equiv O(n,\mathbb{R})$. 行列式等于 1 的 $n \times n$ 矩阵的拓扑空间 $SL(n,\mathbb{R})$ 伦等价于行列式等于 1 的正交矩阵空间 $SO(n,\mathbb{R})$.

定义 一个拓扑空间称为 *k-连通的*, 若它为道路连通, 且群 $\pi_1(X), \pi_2(X), \cdots, \pi_k(X)$ 均为平凡群. 1- 连通空间也称为*单连通的*.

令 A 为一拓扑空间 X 的子集. 称连续映射 $f: X \to A$ 为一*收缩*, 若 f 在 A 上是恒等映射, 即对所有 $a \in A$ 有 $f(a) = a$. 一个收缩 f 称为*形变收缩*, 若 f 与恒等映射同伦. 一个形变收缩称为*强形变收缩*, 若存在一个 f 与 id_X 的同伦 f_t, 它在 A 中为常值映射. 一个子空间 $A \subset X$ 称为 X 的*收缩核* (或*形变收缩核*), 若存在一个收缩 (形变收缩) $X \to A$.

一个拓扑空间称为*可缩的*, 若它伦等价于一点. 等价的说法是, X 是可缩的, 若存在一个 X 到一点 $* \in X$ 的形变收缩.

一个形变收缩 $f: X \to A \subset X$ 是 X 与 A 的伦等价; A 到 X 的嵌入便是 f 的逆映射.

对于所有 k, 可缩空间都是 k-连通的.

柱面 $X \times I$ 到其下底 $X \times \{0\}$ 的投射给出强形变收缩的一个例子.

构造两个拓扑空间的伦等价, 通常通过构造形变收缩来完成, 或是构造一个形变收缩的序列来完成. 有时候可将一个空间嵌入到更大空间而作为子空间来研究.

一个拓扑空间称为*局部 k-连通的*, 若对任一点 $x \in X$, x 的任一邻域 U 包含 x 的 k-连通邻域.

一个拓扑空间 X 称为*局部可缩的*, 若对任一点 $x \in X$, x 的任一邻域 U 包含 x 的可缩邻域.

第三章　覆叠

3.1 覆　　叠

设空间 Y 为道路联通, 则一个连续映射 $p: X \to Y$ 称为*覆叠映射*, 若对任一点 $y \in Y$ 有一个 y 的邻域 U 使原像 $p^{-1}(U)$ 同胚于 U 的多个拷贝 (即有 $p^{-1}(U) \approx U \times \Delta$, 其中 Δ 为一离散拓扑空间), 又要求此同胚与映射 p 可比较, 也就是说, 自然投射 $U \times \Delta \to U$ 与 p 一致. 换言之, 下图为交换的:

$$\begin{array}{ccc} p^{-1}(U) & \approx & U \times \Delta \\ & {\scriptstyle p}\searrow \quad \swarrow & \\ & U & \end{array}$$

如果 Δ 由 k 个点组成, 则此覆叠称为 k 层或 k 叶覆叠.

覆叠的例

(1) 对每一拓扑空间 X 及一离散空间 Δ, 明显的投射 $X \times \Delta \to X$ 为一覆叠, 称为*平凡覆叠*.

(2) $S^k \to \mathbb{R}P^k$.

(3) $S^1 = \{z \in \mathbb{C} | |z| = 1\} \to S^1, z \to z^k$.

(4) $\mathbb{R}^1 \to S^1, t \mapsto \cos t + i \sin t$.

Grassmann 也提供了一个重要的覆叠之例. *Grassmann 流形* $G_k(\mathbb{R}^n)$ 是 $\mathbb{R}^n$ 中所有 k 维子空间的集. *定向 Grassmann 流形* $G_k^+(\mathbb{R}^n)$ 是 $\mathbb{R}^n$ 中所有具有特定定向的 k 维子空间的集.

例如对任何 n 与 k 我们有 $G_1(\mathbb{R}^n) = \mathbb{R}P^{n-1}$, $G_1^+(\mathbb{R}^n) \approx S^{n-1}$, $G_{n-1}(\mathbb{R}^n) \approx (\mathbb{R}P^{n-1})$ 及 $G_k(\mathbb{R}^n) \approx G_{n-k}(\mathbb{R}^n)$. 最后一个恒同关系是用 $\mathbb{R}^n$ 中的任一非退化双线性型定义. 恒同关系 $G_k^+(\mathbb{R}^n) \approx G_{n-k}^+(\mathbb{R}^n)$ 将更依赖于 $\mathbb{R}^n$ 中定向的选择.

存在一个双叶覆叠 (定向失忆的映射) $G_k^+(\mathbb{R}^n) \to G_k(\mathbb{R}^n)$, 它扩充了映射 $S^{n-1} \to \mathbb{R}P^{n-1}$.

由于覆叠的基空间 Y 为道路连通, 故对所有点 $y \in Y$ 离散集 Δ 完全一样, 就是说, 对任一对点 $y_1, y_2 \in Y$ 在相应集 $\Delta(y_1) = p^{-1}(y_1)$ 与 $\Delta(y_2) = p^{-1}(y_2)$ 之间存在一个双射. 事实上, 用一条道路 $\varphi : [0,1] \to Y$ 联结点 $y_1, y_2 \in Y$, 再对道路的每一点 $\varphi(t), t \in [0,1]$, 取覆叠定义中的一个邻域 U_t. 这些邻域的原像覆盖了线段 [0,1], 因其为紧集, 故可选其一有限子覆盖. 对于属于同一邻域 U 的点 y, 集 $\Delta(y) = p^{-1}(y)$ 依定义为恒同: 所有这些集恒同于同一集 $\Delta(U)$. 这就要求双射这样来构造, 它是适当的 (属于相邻覆叠邻域的交集中道路的) 点链 y_i 处的双射的合成. 一条道路的选择固定了集 $p^{-1}(y_1)$ 与集 $p^{-1}(y_2)$ 的恒同. 因此, 对一给定的道路 $\varphi : [0,1] \to Y$ 及一点 $x \in p^{-1}(\varphi(0))$, 有一唯一道路 $\Phi : [0,1] \to X$ 使 $\Phi(0) = x$ 且 $p \circ \Phi = \varphi$. 此道路 Φ 称为道路 φ 的*提升*, 一个提升由初始点 x 唯一确定.

练习 试描述球面 S^2 上所有两两不等价的覆叠.

3.2 覆叠的分类

定义 两个覆叠 $p : X \to Y$ 及 $p' : X' \to Y'$ 称为*等价*, 若存在同胚 $f : X \to X'$ 及 $g : Y \to Y'$ 使得 $gp = p'f$. 即下图为交换:

$$\begin{array}{ccc} X & \xrightarrow{f} & X' \\ \downarrow p & & \downarrow p' \\ Y & \xrightarrow{g} & Y' \end{array}$$

同一基空间 Y 上的覆叠 $p: X \to Y$ 和 $p': X' \to Y$ 称为等价, 若存在一个同胚 $f: X \to X'$ 使得 $p = p'f$. 即下图为交换:

$$\begin{array}{ccc} X & \xrightarrow{f} & X' \\ & {\scriptstyle p_1}\searrow \quad \swarrow{\scriptstyle p_2} & \\ & Y & \end{array}$$

一些相当好的拓扑空间的覆叠, 在不计共轭时, 与基本群的子群有一个一一对应. 要证明这一点我们需要下面结论.

覆叠同伦定理 考虑一个覆叠 $p: E \to X$. 设我们已给一映射 $f: Y \to E$ 以及映射 $p \circ f: Y \to X$ 的同伦, 即一映射 $F: Y \times [0,1] \to X$, 它在 $Y \times \{0\}$ 上与 $p \circ f$ 一致. 若空间 Y 不太差 (即若 Y 为道路连通), 则同伦 F 唯一地提升成一个 f 的同伦, 就是说, 存在一个映射 $\Phi: Y \times [0,1] \to E$ 使

(1) Φ 在 $Y \times \{0\}$ 上与 f 一致;

(2) 方程 $p\Phi = F$ 成立.

证明概要 先设 Y 由单点构成. 此时同伦 F 是 X 中的一条道路. 此道路提升至 E.

若空间 Y 有多于一点, 则对空间的每一点考虑一个 X 中类似的道路及其到 E 的提升. 只有一件事还需要验证, 即这样得到的提升为连续. 但这可以通过 Y 的局部道路连通性办到. □

现在我们来描述 X 上的覆叠与 $\pi_1(X)$ 的子群之间的关系.

定理 令 X 为一局部 1-连通 (特别地, 局部道路连通) 拓扑空间, 则下面结论成立:

(1) 对任一覆叠映射 $p: E \to X$, 映射 $p_*: \pi_1(E) \to \pi_1(X)$ 为一单同态;

(2) 在集 $p^{-1}(x_0)$ 与 $\pi_1(X)/p_*\pi_1(E)$ 的陪集之间存在一一对应.

(3) 对 $\pi_1(X)$ 中的任一子群 G, 存在一个覆叠 $p: E \to X$ 使得 $p_*\pi_1(E) = G$ 成立.

(4) 考虑去孔空间的覆叠, 即在基点 $x_0 \in X$ 的原像中固定点 $e_0 \in E$ 及 $e_0' \in E'$, 若同胚将 e_0 映成 e_0', 考虑去孔空间上两个等价的覆叠 $p: E \to X, p': E' \to X$. 那么两个覆叠以此去孔空间分类

为等价的充分必要条件是 $\pi_1(X,x_0)$ 的下面两个子群完全一致:

$$p_*\pi_1(E,e_0)=p'_*\pi_1(E',e'_0).$$

(5) 两个覆叠在通常定义下为等价的充分必要条件是, 对某个 $e_0\in p^{-1}(x_0), e'_0\in(p')^{-1}(x_0)$, 群 $p_*\pi_1(E,e_0)$ 与群 $p'_*\pi_1(E',e'_0)$ 作为群 $\pi_1(E,x_0)$ 的子群为共轭.

我们来开始这个证明.

1. 我们需要证明, 若 γ 为一个 E 中的闭路, 且闭路 $p\circ\gamma$ 可缩, 则闭路 γ 本身也可缩. 这个结论可以直接从覆叠同伦定理推出: $p\circ\gamma$ 的一个压缩提升为 γ 的压缩.

2. 选择一个基点 $e_0\in p^{-1}(x_0)$ 后, 我们就建立了 $p^{-1}(x_0)$ 与 $\pi_1(X)/p_*\ \pi_1(E)$ 的陪集之间的一一对应. 事实上, 考虑所有起于 e_0 终于 $p^{-1}\ (x_0)$ 内一点的道路. 每一这样的道路的投射都确定 $\pi_1(X)$ 的一个元. 道路的终点与 e_0 重合当且仅当对应于此道路的 $\pi_1(X)$ 的元属于 $p_*\pi_1(E)$ 时才发生. 道路 s 与 s' 有同一终点的充分必要条件是 $s's^{-1}\in p_*\pi_1(E)$.

3. 对于一个给定的子群 $G\subset\pi_1(X,x_0)$, 让我们构造一个 X 的覆叠. 考虑 X 中所有起于 x_0 的道路 (即连续映射 $[0,1]\to X$) 的集合. 在此集上引进下面的等价关系: 两条道路 s, s' 为等价, 若下面两个条件满足:

(1) s 的终点与 s' 的终点重合;

(2) 闭路 $s's^{-1}$ 属于 G.

以此关系为模作成的商集合 E 允许有一个到 X 自然投射, 即将每一道路映成它的终点的映射. E 中的拓扑定义如下. 令 x 为 X 的一点, 令 U 为一 x 的道路连通的单连通邻域, 令 s 为一从 x_0 到 x 的道路. 给偶 (s,U) 联系上一个集合 $U'\subset E$, 它由用 s 作成的道路以及 s 的含于 U 的一些扩张的等价类组成. 依定义所有此型集合 U' 组成了 E 的拓扑基. 则容易证明此时自然投射 $p:U'\to U$ 为一同胚. 事实上因 U 为道路连通, 故映射 p 为满射, 而因 U 为单连通, 故 p 为单射.

最后, 结论 4 (或结论 5) 中必要性部分的证明是显然的: 等价的覆叠确定相同 (或共轭) 的子群, 而证明充分性的同胚 $E\to E'$ 是由映射 $e_0\mapsto e_0$ (映射 $e_0\mapsto e'_0$) 的覆叠同伦构成. □

命题 在前述定理条件下, 若 $f: E \to X$ 与 $g: H \to X$ 为两个覆叠, E 与 H 的基点属于 X 的基点的原像, 又 $f_*\pi_1(E)$ 为 $g_*\pi_1(H)$ 的子群, 则存在一个覆叠 $k: E \to H$, 将 E 的基点映射成 H 的基点, 且有 $f = g \circ k$.

事实上此映射 k 由覆叠同伦性质唯一确定. 一个非常重要的特殊情况如下. 由 $\pi_1(X)$ 的平凡子群定义的 X 的覆叠为唯一确定, 且其空间 E 为单连通. 依上述命题此覆叠也覆盖了 X 的所有别的覆叠. 由于这个原因, 此覆叠可称为 X 的*万有覆叠*.

第四章　胞腔空间 (CW 复形)

一般说来, 近代拓扑学的对象中所谓 "相当好" 的拓扑空间莫过于胞腔空间. 另一些空间主要用来构造各式各样的反例.

胞腔空间由一些胞腔 —— 即同胚于标准圆盘的拓扑空间 —— 黏合而成. 在给出形式定义前让我们先考察一些胞腔空间的例.

环面 T^2 由黏合一个正方形的两条对边得到. 结果是, 我们将环面表示为由一个二维胞腔、两个一维胞腔和一个零维胞腔黏合而成.

球面 S^2 允许有两个常用的标准胞腔分解. 首先, 球面可以表示成一个零维胞腔和它的补集即一个二维胞腔的并. 另一方面, 一条赤道将球面切成两部分; 取赤道上的两个对径点, 我们就得到球面的胞腔分解, 此分解包含维数为 $0, 1, 2$ 的各两个胞腔.

球面的第二个胞腔分解提供 $\mathbb{R}P^2$—— 球面对径点的叠合 —— 的一个胞腔分解; 此分解含维数为 $0, 1, 2$ 的各一个胞腔.

定义　令 X 为一 Hausdorff 拓扑空间. X 上的胞腔空间结构是 X 的一个分解, 由同胚于开圆盘 (其维数不尽相同) 的子集 B_α^k 的不交并组成. 对每一 $B_\alpha^k \subset X$ 必须固定一个特征同胚 $\chi_\alpha^k : D^k \to B_\alpha^k$, 其中 D^k 为一标准的开 k-圆盘. 我们假设此同胚允许扩张成闭圆盘 $\overline{D^k}$ 到 X 的连续映射 (可称为特征映射), 并满足下面条件 (胞腔

公理):

(C) 圆盘 $\overline{D^k}$ 的边界的像含于较小维数 $j<k$ 的胞腔 B_β^j 的有限集中.

(W) 一个子集 $A\subset X$ 为闭, 当且仅当它与任一胞腔的闭包的交为闭.

胞腔空间也称为 CW 复形.

对于上面说过的 T^2, S^2 及 $\mathbb{R}P^2$ 的胞腔分解, 可以作出其特征同胚.

胞腔空间最重要的性质集中在 Borsuk 引理、胞腔逼近定理以及胞腔空间的局部可缩性.

Borsuk 性质 令 X 为一拓扑空间, 而 A 为一子空间. 以 $f_A: A\to Y$ 记映射 $f: X\to Y$ 在 A 上的限制. 设已给定映射 f_A 的一个同伦 $F_A: A\times I\to Y$, 即对 $a\in A$ 有 $F_A(a,0)=f_A(a)$. 若对任一拓扑空间 Y 及任一映射 $f: X\to Y$, f_A 的每一同伦 F_A 能扩张成 f 的一个同伦 $F: X\times I\to Y$, 则空间偶 (X,A) 称为 *Borsuk* 偶.

Borsuk 引理 *若 X 为一胞腔空间且 $A\subset X$ 为 X 的胞腔子空间 (即一个由空间 X 的某些胞腔的并构成的胞腔空间), 则 (X,A) 为一 Borsuk 偶.*

证明 与胞腔空间许多别的结论的证明一样, 本引理可就胞腔的维数用归纳法来证明. 一个胞腔空间 X 有一个自然的滤子 (即包含关系的列)

$$X^0\subset X^1\subset X^2\subset\cdots\subset X,$$

其中 X^0 是所有零维胞腔的并, X^1 是所有一维与零维胞腔的并, ……, X^k 是所有维数不超过 k 的胞腔的并. 显然, 集合 $X^k\subset X$ 也是胞腔空间; 它称为胞腔空间 X 的 k-骨架, 有时候也记成 $\mathrm{sk}_k X$.

我们从把 A 上原有的同伦扩张到 $A\cup X^0$ 开始, 然后扩张到 $A\cup X^1$, 等等. 设同伦已在 $A\cup X^i$ 上给定; 我们必须将它扩张到空间 X 的所有 $i+1$ 维胞腔. 考虑一个不含于 A 中的胞腔 B_α^{i+1}. 令 $\varphi_\alpha^{i+1}: \overline{D^{i+1}}\to\overline{B_\alpha^{i+1}}$ 为特征映射. 对我们要找的 B_α^{i+1} 的同伦扩张, 依特征映射确定一个柱面 $\overline{D^{i+1}}\times[0,1]$ 到 Y 的映射. 我们

开始构造这样的映射, 而后再用它来构造对 B_α^{i+1} 的同伦扩张. 在柱面的下底 $\overline{D^{i+1}} \times \{0\}$ 所要的映射已给出 (作为 φ_α^{i+1} 与初始映射 $f: X \to Y$ 的合成). 在柱面的侧面 $S^i \times [0,1]$ 上映射也已固定, 因为此边界 $\overline{D^{i+1}}$ 在到 X 的映射下的像属于 i-骨架, 依归纳假设在 i-骨架上的同伦已经作出.

我们用下面方式作出所要的映射 $\overline{D^{i+1}} \times [0,1] \to Y$. 在柱面 $\overline{D^{i+1}} \times [0,1]$ 上底的中心点上方选一点 O (图 9). 用一条线段联结点 O 与柱面的下底或侧面中一个点 P. 在点 P 处映射已给定, 我们把线段 BP 的所有点对应至 P 的像处, 以此来扩张这个映射. 公理 **W** 蕴涵, 对所有 $X \backslash A$ 的维数增长的胞腔我们已经如上所述作出了一个连续同伦. Borsuk 引理的证明完成. □

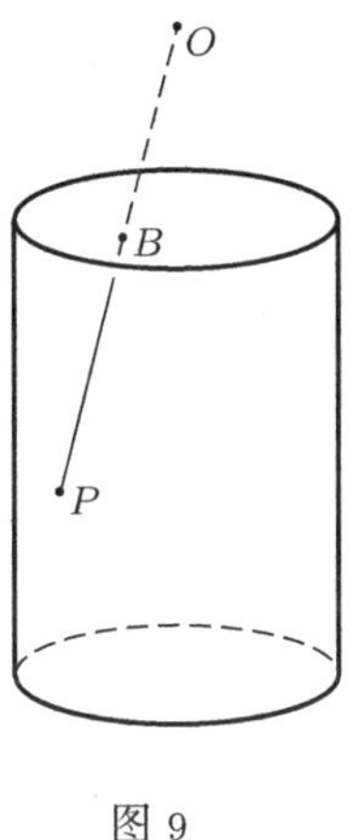

图 9

令 X 与 Y 为胞腔空间. 一个连续映射 $f: X \to Y$ 称为胞腔映射, 若对 $n = 0, 1, 2, \cdots$ 有 $f(\mathrm{sk}_n X) \subset \mathrm{sk}_n Y$.

胞腔逼近定理　胞腔空间到胞腔空间的任何映射同伦于胞腔映射.

我们不打算给出胞腔逼近定理的证明细节, 尽管我们常要用到它. 证明的主要思想如下. 假设在 X 中存在 i 维胞腔, 它在映射 $f: X \to Y$ 下的像交于 Y 中较大维数的胞腔. 设 i 是最小的这样的整数, 而选某些此种 i 维胞腔 B_α^i. 依公理 **W** , 它们的像将交于 Y 的有限个胞腔. 令 j 是 Y 中此类胞腔中的最大维数, 依我们的假

设有 $j > i$. 选某胞腔 $D^i_\beta \subset Y$ 使 B^i_α 的像与之相交. 那么我们可以用 f 的一个同伦将这个像从 D^i_β 推压到边界上, 这个同伦在 X 所有维数 $\leqslant i$ 且异于 B^i_α 的胞腔上以及在所有异于 D^i_β 的胞腔于 B^i_α 中的原像上均为常值. 重复这个过程, 我们就得到 f 在 $\overline{B^i_\alpha}$ 上的限制映射以及将 $\overline{B^i_\alpha}$ 映射成 $\mathrm{sk}_i Y$ 的映射之间的一个同伦. 对所有维数 i 做同样的事, 而后用 Borsuk 引理, 把所得到的同伦从 $\mathrm{sk}_i X$ 扩张到所有较高维胞腔. 然后再对维数为 $i+1$ 的胞腔重复相同过程, 等等. 公理 **W** 保证这个同伦的序列是原始映射的定义明确的同伦.

让我们列出此定理的重要推论.

推论 *对任一胞腔空间 X, 群 $\pi_i(X)$ 同构于群 $\pi_i(\mathrm{sk}_{i+1} X)$.*

推论 *若 $i < k$, 则 $\pi_i(S^k) = 0$.*

将胞腔空间设想成归纳地粘上胞腔来构成, 有时是方便的. 就是说, 从一个点集 (即零维胞腔) 出发. 此即 0-骨架 X^0. 而后取几个线段, 再考虑这些线段端点到 X^0 的映射, 并将这些线段沿这些映射粘贴到 X^0 上. 我们记得, 对一个给定映射 $\varphi : A \to Y$, 其中 $A \subset X$, 将 X 沿 φ 黏合到 Y 上去, 结果得到空间

$$Y \cup_\varphi X = Y \cup X / a \sim \varphi(a).$$

黏合线段到 X^0 后便得到一个 1-骨架 X^1. 而后取一个二维圆盘的集, 且对每一圆盘特定其边界圆到 X^1 的映射, 使此圆的像仅与零维及一维胞腔的有限集相交. 用此法我们得到 2-骨架 X^2, 等等.

定理 *所有胞腔空间为局部可缩.*

定理的证明主要依赖于公理 **W**, 这里略去.

现在我们来介绍有关胞腔空间三个定理 (胞腔逼近定理、Borsuk 引理以及局部可缩定理) 的一些推论.

定义 *一个胞腔偶 (X, Y) 是一胞腔空间 X 以及它的胞腔子空间 $Y \subset X$ 组成的偶.*

定理 *设 (X, Y) 为一胞腔偶, 空间 Y 为可缩, 则空间 X/Y 与 X 伦等价.*

证明 令 $p: X \to X/Y$ 为一自然投射. 我们必须构造一个映射 $X/Y \to X$, 伦等价于 p 的逆. 我们将用 Borsuk 引理. 令 $f: X \to X$ 为恒等映射, 令 f_Y 为 f 在 Y 上的限制. 依假定存在一个同伦连接 f_Y 与将 Y 映至点的映射. 依 Borsuk 引理此同伦可扩张成 f 的一个同伦. 同伦的最后一个映射是一个将 Y 映成点的映射 $X \to X$. 这样一个映射诱导了映射 $X/Y \to X$. 容易证明此映射为 p 的同伦逆, 即两者与 p 的合成是同伦于对应恒等映射的映射 $X \to X$ 及映射 $Y \to Y$. □

定理 *若一胞腔空间 X 为 k-连通 (特别地, 道路连通), 则 X 与一个仅有零维胞腔而无 $1, 2, \cdots, k$ 维胞腔的胞腔空间 X' 伦等价.*

证明 考虑空间 X 所有零维胞腔, 并选其一作为基点. 用线段 $\varphi: [0,1] \to \mathrm{sk}_1 X$ 将此基点与其他零维胞腔联结起来. 对每一这样的线段, 考虑一个半圆盘 (即圆盘 B^2 由直径割下的部分), 并将此半圆盘依割出半圆盘的直径的映射 φ (沿所给线段) 与 X 黏合起来, 此处已将此直径与线段 [0,1] 等同.

将所有这些半圆黏合后我们得到一个新的空间. 它包含老空间作为形变收缩核, 因此这两个空间为伦等价. 显然新空间为一胞腔空间. 取所有半圆盘的上边界的并为模, 作一商空间, 我们即得一个仅有单个零胞腔的空间. 但这些边界的并是一个除端点外再无其他公共端点的线段的集. 因此它为可缩, 而且相应的商空间与原有空间为伦等价. (如果开始所取 X 中的线段有别的交点, 则其并未必可缩.)

现设 $k \geqslant 1$. 依归纳假设, 可设 X 仅含一零维胞腔, 此时所有一维胞腔在 X 中可缩. 一个胞腔的压缩可以处理成一个映射 $\varphi: D^2 \to X$, 它将 D^2 的边界映到所给胞腔. 取半球 D^3_+ 并依分割它的赤道圆盘 D^2 的映射 φ 将它黏合到 X 上去. 以球边界的上半部分的并为模作一商空间, 重复上面的过程, 等等. □

第五章　相对同伦群与偶的正合列

考虑空间的三元组 (D^i, S^{i-1}, y_0) 与 (X, A, x_0), 其中 $y_0 \in S^{i-1} = \partial D^i \subset D^i$ 及 $x_0 \in A \subset X$. 一个三元组映射

$$f : (D^i, S^{i-1}, y_0) \to (X, A, x_0) \tag{1}$$

是一个使 $f(S^{i-1}) \subset A, f(y_0) = x_0$ 的映射 $D^i \to X$. 一个联结 f_0 与 f_1 的同伦 $\{f_t\}, t \in [0,1]$ 称为三元组映射的同伦, 若对每一 t, 映射 f_t 为三元组映射. 具有形式 (1) 的三元组同伦映射的等价类记为 $\pi_i(X, A, x_0)$, 若忽略 x_0, 则简记为 $\pi_i(X, A)$.

对 i >1 集合 $\pi_i(X, A, x_0)$ 是个群 (第 i 个相对同伦群). 为在此集上引进群结构, 我们需要重新陈述一下定义. 考虑一个三元组 $(I^i, \partial I^{i-1}, J_i)$, 其中 $I = [0,1], \partial I^i$ 为其维数小于或等于 $i-1$ 的面的并, 而 $J_i = \partial I^i - \check{I}^{i-1}, \check{I}^{i-1}$ 是由点 $(z_1, \cdots, z_i) \in [0,1]^i$ 构成的立方体 ∂I^i 的开 $i-1$ 维面, 其中 $z_i = 1$ 而所有别的坐标 $z_j, j < i$ 异于 0 与 1. 我们再来考虑三元组映射

$$(I^i, \partial I^i, J_i) \to (X, A, x_0)$$

以及这样的映射的标准伦等价关系.

这样得到的等价类集与 $\pi_i(X,A,x_0)$ 有个一一对应关系. 理由是三元组 (D^i,S^{i-1},y_0) 与 $(I^i,\partial I^i,J_i)$ 为伦等价. 偶 (X,A), (Y,B) 称为偶伦等价, 若存在偶的映射 $f:(X,A)\to(Y,B)$ 与 $g:(Y,B)\to(X,A)$ 使 fg, gf 同伦于偶的恒等映射, 其时 (对所有 t) 同伦将 A 映为 A, 且将 B 映为 B. 空间三元组的伦等价可以用类似方法定义.

$\pi_i(X,A,x_0)$ 的新定义蕴涵此集赋有如下群结构. 设两个映射 f,g 已在立方体 I^i 上给定. 将立方体压扁, 且沿 I^{i-1} 的一对相异的对面, 将其一个黏附到另一个上 (见图 10); 对 $i\geqslant 2$ 这样一对面常存在. 映射 f,g 将立方体的公共面映成点 x_0, 故这些映射在这些面上一致. 我们最后的结果是得到一个将 ∂I^i 映成 A, 将 J_i 映成 x_0 的立方体 I^i 上的映射 (所选的面 I^{i-1} 为图 10 中阴影面).

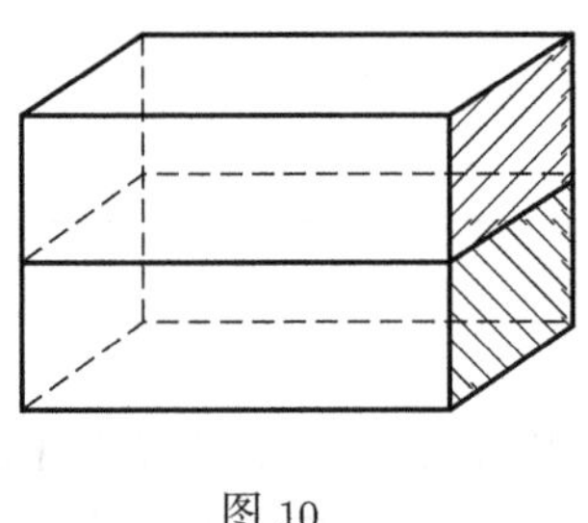

图 10

对 $i=1$ 我们得到线段的一对映射, 它将线段的一端映成基点 x_0, 另一端映成 A 的点, 我们记为 a_1, a_2.

现在没有现成的方法, 可以从这两个映射作出线段的一个映射, 使将其一端点映成点 x_0. 因此集合 $\pi_1(X,A,x_0)$ 并不具有自然的群结构.

问题 证明对 $i\geqslant 3$ 群 $\pi_i(X,A,x_0)$ 为一 Abel 群.

(证明与群 $\pi_i(X,x_0)$, $i\geqslant 2$ 的情形几乎一样.)

群 $\pi_i(X,A,x_0)$ 的单位元定义为常值映射 $f:D^i\to x_0$ 的等价类.

一个三元组映射是否属于此类不容易直接验证. 但只要证明 $f(D^i)\subset A$ 即可. 一个从映射 $f:(D^i,S^{i-1},y_0)\to(A,A,x_0)$ 到常值映射 $(D^i,S^{i-1},y_0)\to(x_0,x_0,x_0)$ 的同伦可用下法来构造. 考虑中心在点 $y_0\in S^{i-1}$ 的球 D^i, 并用同伦系数 t, $0<t<1$ 将它膨胀. 那

么在此膨胀下 f 在 D^i 的像上的限制与映射 $f_t: D^i \to A$ 一致 (图 11). 同伦 $\{f_t\}$ 则联结映射 $f = f_1$ 与映射 $f_0: D^i \to x_0$.

偶的同伦正合列 与偶 (X,A) 相联系的有三个同伦群的序列: $\pi_i(A), \pi_i(X), \pi_i(X, A)$. 在这些群之间存在自然的映射. 嵌入 $A \to X$ 诱导了同态 $\pi_i(A) \to \pi_i(X)$ (一个 A 中的球面映射可以处理成 X 中的球面映射).

对一个映射 $(S^i, y_0) \to (X, x_0)$, 我们联系上一个映射

$$(D^i, S^{i-1}, y_0) \to (X, x_0, x_0);$$

为此必须将 S^i 表示成商空间 D^i/S^{i-1}. 结果我们得到一个映射

$$\pi_i(X) \to \pi_i(X, A).$$

最后, 对映射 $(D^i, S^{i-1}, y_0) \to (X, A, x_0)$ 我们可以联系上它在 A 的限制, 即映射 $(S^{i-1}, y_0) \to (A, x_0)$. 结果我们得到一个映射 $\pi_i(X, A) \to \pi_{i-1}(A)$.

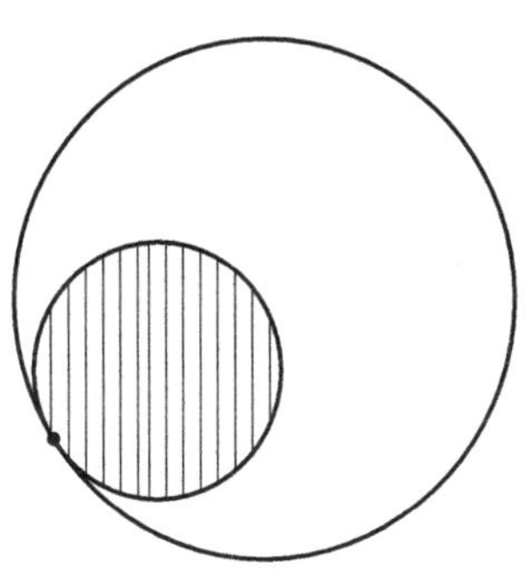

图 11

于是我们已经构造了一个同态的无限列

$$\cdots \to \pi_i(X, A) \to \pi_{i-1}(A) \to \pi_{i-1}(X) \to \pi_{i-1}(X, A) \to \pi_{i-2}(A) \to \cdots.$$

这个序列末端的映射不是同态, 仅为集合的映射

$$\pi_1(X) \to \pi_1(X, A) \to \pi_0(A) \to \pi_0(X),$$

只有第一个集才是个群. 此集 $\pi_0(X)$ 由映射 $S^0 \to X$ 的等价类组成, 这些映射将 S^0 的一个点映成基点 x_0, 将 S^0 的另一点映成 X

中某一点. 容易看出集合 $\pi_0(X)$ 的元与 X 的道路连通分支有个一一对应. 这个集合还包含一类单位元, 也就是将 S^0 的两个点映射至 X 的同一道路连通分支 (即含有基点 x_0 的道路连通分支) 的映射的类.

定义 一个群与同态的序列

$$G_1 \to G_2 \to \cdots \to G_i \to \cdots$$

称在项 G_i 处为正合, 若同态 $G_{i-1} \to G_i$ 的像与同态 $G_i \to G_{i+1}$ 的核相同. 一个列称为正合, 若它在每一项处为正合.

常常发生这样的情况, 在一个正合列中有些群是已知的. 这时我们常可说出此序列中其他一些群. 例如正合列

$$0 \to G_{i+1} \to G_{i+2} \to 0$$

中的映射 $G_{i+1} \to G_{i+2}$ 常是个群同构. 正合列

$$0 \to G_{i+1} \to G_{i+2} \to G_{i+3} \to 0$$

中的映射 $G_{i+1} \to G_{i+2}$ 是个单同态, 而映射 $G_{i+2} \to G_{i+3}$ 是个满同态; 此外, 群 G_{i+3} 同构于商群 $G_{i+2}/\mathrm{Im}G_{i+1}$.

命题 (五群引理) 假如两个群的正合列组成下面的交换图

$$\begin{array}{ccccccccc} G_1 & \xrightarrow{a_1} & G_2 & \xrightarrow{a_2} & G_3 & \xrightarrow{a_3} & G_4 & \xrightarrow{a_4} & G_5 \\ \downarrow \varphi_1 & & \downarrow \varphi_2 & & \downarrow \varphi_3 & & \downarrow \varphi_4 & & \downarrow \varphi_5 \\ H_1 & \xrightarrow{b_1} & H_2 & \xrightarrow{b_2} & H_3 & \xrightarrow{b_3} & H_4 & \xrightarrow{b_4} & H_5 \end{array}$$

并已知由垂直箭头表达的有关映射 $\varphi_i : G_i \to H_i$ 的下列信息: φ_1 为一满同态, φ_2 和 φ_4 为同构, φ_5 为单同态. 那么 φ_3 为一同构.

证明可以用交换代数中常用原则按图索骥进行. 例如, 我们来证明映射 φ_3 为一单同态. 设结论不真, 即有一非零元 $g_3 \in G_3$ 使 $\varphi_3(g_3) = 0$. 若上边一列的同态 $a_3 : G_3 \to G_4$ 将 g_3 映成 G_4 中的一个非零元, 则 $\varphi_4 \circ a_3(g_3)$ 也不等于零 (因为 φ_4 为一同构), 依图的交换性此元等于 $b_3 \circ \varphi_3(g_3)$ (b_3 在下边一列的箭头 $H_3 \to H_4$ 中), 但因已设 $\varphi_3(g_3)$ 为零, 故它等于零.

故 $g_3 \in \ker a_3 \equiv \operatorname{im} a_2$, 即对某 $g_2 \in G_2$, $g_3 = a_2(g_2)$. 令 $h_2 = \varphi_2(g_2)$, 则 $h_2 \in \ker b_2$; 事实上依最初的假定有 $b_2(h_2) = b_2 \circ \varphi_2(g_2) = \varphi_3 \circ a_2(g_2) = \varphi_3(g_3) = 0$. 再依靠下边一列的正合性, 对 $h_1 \in H_1$ 有 $h_2 = b_1(h_1)$. 因为映射 φ_1 为满同态, 故对某 $g_1 \in G_1$ 有 $h_1 = \varphi_1(g_1)$. 于是依图的交换性有 $h_2 = \varphi_2 \circ a_1(g_1)$. 再由于 φ_2 为一同构, 此意即 $g_2 = a_1(g_1) \in \operatorname{im} a_1 = \ker a_2$, 于是在 G_3 中有 $a_2(g_2) = 0$. 但依定义 $a_2(g_2)$ 是非零元, 矛盾.

结论的另一半证明 (即 φ_3 的单射性) 可以用对称方法来完成. 我们将它留给读者作为 (非常有用的) 练习.

定理　偶 (X, A) 的同伦列为一正合列.

证明立足于定义的直接应用, 要求验证六个形为 $\operatorname{Ker} f \subset \operatorname{Im} g$, $\operatorname{Im} g \subset \operatorname{Ker} f$ 的包含关系.

练习　设偶 $(X, A) \to (Y, B)$ 的一个映射诱导所有同伦群的同构 $\pi_i(X) \to \pi_i(Y)$ 及 $\pi_i(A) \to \pi_i(B)$. 证明这个映射也诱导了所有相对同伦群的同构.

提示: 用五群引理.

第六章 纤维丛

可以将覆叠概念推广到单点的原像为非离散的情形.

6.1 局部平凡丛

定义 一个局部平凡纤维丛是一个四元组 (E, B, F, p), 其中 E, B, F 为拓扑空间, 而 $p: E \to B$ 为一映射, 具有下面性质:

1) 任一点 $x \in B$ 具有一个邻域 U 使原像 $p^{-1}(U)$ 与 $U \times F$ 同胚;

2) 同胚 $U \times F \to p^{-1}(U)$ 与映射 p 相容, 即下图为交换:

$$\begin{array}{ccc} U \times F & \longrightarrow & p^{-1}(U) \\ & \searrow \quad \swarrow p & \\ & U & \end{array}$$

特别地, 条件 2 蕴涵每一点的原像同胚于 F.

映射 p 称为投射, 空间 E 称为丛的全空间, 空间 B 称为丛的基, 空间 F 称为纤维或典型纤维.

为行文简洁计, 我们常简写 "纤维丛" 以代替 "局部平凡纤维丛".

纤维丛之例

1. 笛卡儿积 $B \times F \to B$. 这个纤维丛称为平凡丛.

2. 任一覆叠.

3. Möbius 带是 S^1 上一个丛的全空间, 以 I 为纤维. 事实上 Möbius 带由反向黏合矩形的两个对边而得 (见图 12). 丛的投射是矩形到联结两边中点的虚线的投射.

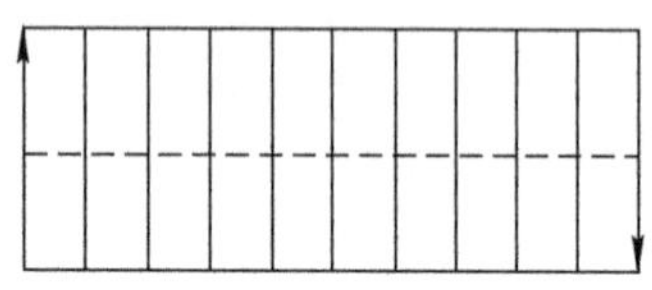

图 12

4. Klein 瓶是 S^1 上以 S^1 为纤维的纤维丛的全空间. Klein 瓶由 Möbius 带恒同每一纤维 (即线段) 的反向端点而得.

5. *Hopf* 纤维映射 $S^3 \xrightarrow{S^1} S^2$. 球面 S^3 可实现为 $\mathbb{C}^2$ 中单位向量的集合. $\mathbb{C}^2$ 中通过原点的复线集是复一维射影空间 $\mathbb{C}P^1$. 显然, 空间 $\mathbb{C}P^1$ 同胚于 $\mathbb{C}$ 的一点紧化空间, 也就是 S^2. 此处有一自然映射 $\mathbb{C}^2\backslash\{0\} \to \mathbb{C}P^1$, 它将每一向量映成含此向量的复直线. 将映射限制在 S^3 上的结果是我们得到一个投射 $S^3 \to S^2$. 每一点的原像为圆 S^1, 即复直线集与 S^3 的交集.

问题　证明 Hopf 纤维映射是非平凡的 (即它不是一个直积).

定义　两个纤维丛 $p_1 : E_1 \to B$ 与 $p_2 : E_2 \to B$ 称为等价, 若存在一个同胚 $\varphi : E_1 \to E_2$ 使得 $p_1 = p_2\varphi$ 成立.

若 E 为一个丛的全空间, 具有典型纤维 F 以及基 B, 则 E 的结构便已了如指掌.

定义　纤维丛 $p : E \to B$ 的一个截片是一个映射 $s : B \to E$, 它将基上的任一点映射成此点上的纤维 (即使合成映射 $p \circ s$ 为 B 到自身的恒等映射).

定义　一个纤维丛 $p : E \to B$ 的平凡化是指一个形如

$$e \mapsto (p(e), p_1(e))$$

的同胚 $E \to B \times F$, 其中 $p_1(e) \in F$ (只要这个同胚存在).

为要特定一个平凡化, 只要特定一个映射 $p_1 : E \to F$, 使它在任一纤维 $p^{-1}(b), b \in B$ 上的限制为一同胚即可. 给了这样一个平凡化, 任一点 $z \in F$ 即确定了纤维丛的一个连续截片: 它将任一点 $b \in B$ 映入纤维 $p^{-1}(b)$ 与集合 $p_1^{-1}(z)$ 的交.

一般说来, 平凡化同胚通常不是唯一的. 此外, 两个平凡化可以不同伦. 例如, 考虑环面 $T^2 = S^1 \times S^1$ 到第一因子 S^1 的投射. 此纤维丛以到第二因子的投射为平凡化. 作为不同投射的例子, 我们可以取 $(\varphi, \psi) \mapsto \psi$ 与 $(\varphi, \psi) \mapsto \psi + \varphi, \varphi, \psi \in \mathbb{R}/2\pi\mathbb{Z}$. 纤维丛由 F 的某些点所确定的截片, 连同这些映射, 均已画于图 13.

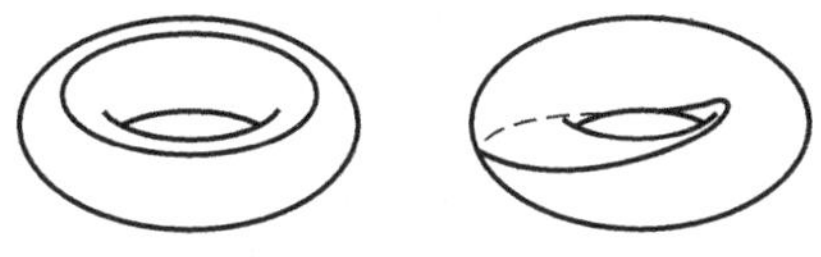

图 13

Feldbau 定理 *闭球 D^k 上任何一个局部平凡纤维丛均为平凡丛, 即它等价于笛卡儿积.*

证明 为方便计, 我们考虑与球 D^k 同胚的闭 k-立方体 I^k. 证明分两步.

第一步 将立方体 $I^k = I^{k-1} \times I$ 分成两个半立方体

$$I_-^k = I^{k-1} \times [0, 1/2] \quad 与 \quad I_+^k = I^{k-1} \times [1/2, 1].$$

假设我们已在每一半立方体上给出平凡化,

$$\varphi_- : p^{-1}(I_-^k) \to F \times I_-^k, \quad \varphi_+ : p^{-1}(I_+^k) \to F \times I_+^k$$

由特定投射组成. 这些同胚可以视为同胚的族

$$\varphi_{-,a} : p^{-1}(a) \to F, \quad \varphi_{+,a} : p^{-1}(a) \to F,$$

分别以 I_-^k 与 I_+^k 中的点 a 为参数, 且连续依赖于这些点. 从这些同胚我们将构造一个一般的同胚

$$\varphi : E \to F \times I^k,$$

它也被视为同胚的族 $\varphi_a : p^{-1}(a) \to F, a \in I^k$.

对所有 $a \in I_-^k$, 取 $\varphi_a \equiv \varphi_{-,a}$. 对 $a \in I_+^k$ 必须连续地修正同胚 $\varphi_{+,a}$, 使它对 I_-^k 与 I_+^k 的公共边界, 即 $k-1$ 维立方体 $I^{k-1} \times \{1/2\}$ 上的点 a, 与 $\varphi_{-,a}$ 一致. 对此边界上的任一点 a, 我们有两个不同的、将 $p^{-1}(a)$ 映入 F 的同胚 $\varphi_{-,a}, \varphi_{+,a}$. 因此对任意这样的 a, 同胚 $\Phi_a \equiv \varphi_{-,a} \circ \varphi_{+,a} : F \to F$ 定义明确. 又令 Π 是 I_+^k 至边界 $I^{k-1} \times \{1/2\}$ 的正交投射. 现在对任意 $a \in I_+^k$, 用式子 $\Phi_{\Pi(a)} \circ \varphi_{+,a}$ 定义同胚 $\varphi_a : p^{-1}(a) \to F$. 那么得到的同胚族便是所要的同胚, 因为它连续依赖于 a 且对边界上的点 a 与 $\varphi_{-,a}$ 一致.

第二步 假设立方体 I^k 上一个局部平凡纤维丛是非平凡的. 将此立方体分成两个平行体. 依第一步此丛在平行体之一上是非平凡的. 将此平行体分成两个更小的平行体, 等等. 此法使我们最后能得到一个边长任意小的平行体, 且其上有一非平凡丛. 另一方面, 这样的平行体的序列最终收敛于一点, 而此点有一邻域, 此邻域上的丛为平凡丛. 我们由此导致矛盾. □

练习 是否具有纤维 D^k 的任何丛均为平凡丛?

提示: 对 $k=1$ 取 Möbius 带, 对 $k>1$ 用纤维积的作法.

定义 局部平凡丛 $p : E \to B$ 与 $p' : E' \to B$ 的纤维积是由点偶 $(e, e') \in E \times E'$ 组成全空间的纤维丛, 其中 $e \in E, e' \in E'$ 满足 $p(e) = p'(e')$; 对基 B 的投射可用明显的方法给出.

容易看出这样作出的丛的纤维是所给丛的纤维的笛卡儿积.

定义 丛 $p : E \to B$ 的按映射 $\varphi : B' \to B$ 诱导的纤维丛是这样一个丛, 其全空间 E' 由所有使 $\varphi(b') = p(e)$ 成立的点偶 $(b', e) \in B \times E$ 组成, 而投射由标准投射 $B' \times E \to B'$ 的限制给出. 显然, 在点 b' 上诱导丛的纤维自然同构于点 $\varphi(b')$ 上原有丛的纤维.

覆叠同伦定理 令 $p : E \to B$ 为一局部平凡丛, 令 Z 为一胞腔空间. 设映射 $f : Z \to E$ 及映射 $p \circ f : Z \to B$ 的一个同伦 $F : Z \times I \to B$ (即一个使对任一 $z \in Z$ 有 $F(z, 0) = p \circ f(z)$ 的映射 $F : Z \times I \to B$) 已给定. 那么此同伦可提升为一个 f 的同伦

$\Phi: Z \times I \to E$ 使得 $F = p \circ \Phi$.

此定理扩充了有关覆叠的相仿结论, 见 3.2 节; 但在此一般情形下, 覆叠同伦的唯一性可能不再满足.

证明下面更一般的结论较为方便.

定理 令 $p: E \to B$ 为一局部平凡丛, 令 (Z, Z') 为一胞腔偶. 设我们给定映射 $f: Z \to E$, 映射 $p \circ f$ 的一个同伦 $\tilde{F}: Z \times I \to B$ 以及映射 $f|_{Z'}$ 的一个同伦 $\Phi': Z' \times I \to E$, 后者是同伦 $\tilde{F}$ 在 $Z' \times I$ 上的限制的提升 (意即在 $Z' \times I$ 上 $p \circ \Phi' \equiv \tilde{F}$). 那么存在一个映射 f 的同伦 Φ 成为同伦 $\tilde{F}$ 的提升, 且为同伦 Φ' 的扩张, 即在 $Z' \times I$ 上有 $\Phi \equiv \Phi'$ 且 $p \circ \Phi \equiv \tilde{F}$.

(当 Z' 为空集时, 上述定理即覆叠同伦定理.)

证明 与以前一样我们对胞腔的维数施行归纳法证明. 由三步组成.

第一步 设此纤维丛为平凡丛, 即 $E = B \times F$, 且 p 为到第一因子的投射. 那么映射 $Z \to E$ 可处理成一对映射 $Z \to B, Z \to F$. 根据假设此映射到 B 的同伦已给定 (即同伦 $\tilde{F}$). 我们必须构造此映射至 F 的同伦的扩张. 根据 Borsuk 引理这个所要的扩张存在.

第二步 现设我们已有一任意纤维丛, 但 $Z = D^k$ 为 k-闭球, 且 Z' 为其边界. 依假设已给一映射 $\tilde{F}: D^k \times I \to B$. 利用此映射可以作出 $D^k \times I \approx D^{k+1}$ 上的诱导纤维丛. 依 Feldbau 定理, 此诱导纤维丛为平凡的. 根据第一步, 诱导纤维丛 $E' \to D^{k+1}$ 的扩张存在. 将它与正则映射 $E' \to E$ 合成我们就得到此同伦的扩张.

第三步 令 Z 为一胞腔空间, 令 Z' 为 Z 的胞腔子空间. 归纳步骤应由从 i-骨架到 $(i+1)$-骨架的同伦扩张完成. 我们分别对 $Z \backslash Z'$ 中每一个 $(i+1)$ 胞腔做这件事情. 每一此种胞腔由某一映射 $\partial D^{i+1} \to \mathrm{sk}_i Z$ 黏合于 i-骨架上得出. 因此定义在 $\mathrm{sk}_i Z$ 上的一个同伦将诱导一个 ∂D^{i+1} 上的同伦. 我们要将此同伦扩张成整个圆盘 D^{i+1}. 但这正是我们上一步所做过的事. 证明完毕. □

6.2 纤维丛的正合列

我们现在考虑上述定理的一个重要推论. 令 $p = E \to B$ 为一

局部平凡纤维丛, 取 $b_0 \in B$ 为基点; 再取 $F = p^{-1}(b_0)$ 并提取一个基点 $f_0 \in F$. 作偶 (E, F) 的相对同伦群 $\pi_i(E, F)$. 由于已将 F 映为基点 b_0, 故投射 $p : E \to B$ 诱导一个同态 $\pi_i(E, F) \to \pi_i(B)$.

定理 同态 $\pi_i(E, F) \to \pi_i(B)$ 为一同构.

证明 单同态性质 令 α 为所说同胚的核中的一元. 此元由一相对球面映射 $a : D^i \to E, a(\partial D^i) \subset F$ 表示. 此处 $p \circ a(\partial D^i) = b_0$, 而球面映射 $p \circ a$ 同伦于此平凡球面映射. 此同伦可以提升为纤维丛的全空间中球面映射 a 的同伦. 投射将这个同伦的最后一个映射的像映成点 b_0. 因此这个最后映射是到纤维 F 的映射. 此映射表示群 $\pi_i(E, F)$ 的单位元.

满同态性质 绝对球面映射 $(S^i, s_0) \to (B, b_0)$ 可以处理成映射 $f : (D^i, S^{i-1}, s_0) \to (B, b_0, b_0)$. 我们要将此映射 f 提升成映射 $(D^i, S^{i-1}, s_0) \to (E, F, f_0)$.

考虑球 D^i 的一个单参数球面族 S^{i-1} 的覆盖, 这些球面与具有不动点 s_0 且系数为 $\lambda \in [0, 1]$ 的球面 ∂D^i 相似. 若 s_0 为原点, 则此覆盖可理解为由表达式 $\varphi(s, \lambda) = \lambda s$ 给出的映射 $\varphi : S^{i-1} \times I \to D^i$.

代替映射 $D^i \to E$ 我们将作出一个将 $S^{i-1} \times \{0\}$ 映成基点 f_0 的映射 $S^{i-1} \times I$. 这个映射可用覆叠同伦定理作出. 对胞腔空间 Z 取 S^{i-1}. 考虑映射 $Z \to f_0 \in E$. 则此映射与 p 的合成将 Z 映成 $b_0 \in B$. 而原来的映射

$$f : (D^i, S^{i-1}, s_0) \to (B, b_0, b_0)$$

可以当作常值映射 $Z \to b_0$ 的同伦处理. 这个同伦允许有一提升, 即将 $S^{i-1} \times \{0\}$ 映成基点 f_0 的映射 $S^{i-1} \times I \to E$. 此映射将球面 $S^{i-1} \times \{1\}$ 映成 b_0 点的原像, 即映成纤维 F. 定理证毕. □

我们记得偶 (E, F) 有一正合列

$$\cdots \to \pi_i(F) \to \pi_i(E) \to \pi_i(E, F) \to \pi_{i-1}(F) \to \cdots$$

与之相联系. 在这个序列中群 $\pi_i(E, F)$ 可以用同构群 $\pi_i(B)$ 代替. 结果我们得到纤维丛的正合列

$$\cdots \to \pi_i(F) \to \pi_i(E) \to \pi_i(B) \to \pi_{i-1}(F) \to \cdots.$$

推论 1 若 $p: E \to B$ 为一覆叠, 则对 $i \geqslant 2$ 有 $\pi_i(B) \cong \pi_i(E)$.

事实上, 对 $i \geqslant 1$, 离散空间 F 的同伦群 $\pi_i(F)$ 是平凡的.

推论 2 $\pi_2(S^2) = \mathbb{Z}$.

事实上, 我们可写出以 S^1 为纤维的 Hopf 纤维映射 $S^3 \to S^2$ 的正合列:

$$\pi_2(S^3) \to \pi_2(S^2) \to \pi_1(S^1) \to \pi_1(S^3).$$

那么因为 $\pi_2(S^2) = \pi_1(S^1) = \mathbb{Z}$, 我们有 $\pi_2(S^3) = \pi_1(S^3) = 0$.

推论 3 $\pi_3(S^3) \cong \pi_3(S^2)$.

证明来自 Hopf 纤维映射正合列的另一部分:

$$\pi_3(S^1) \to \pi_3(S^3) \to \pi_3(S^2) \to \pi_2(S^1).$$

显然, 因为 S^1 有一个可缩覆叠空间 $\mathbb{R}^1$, 故 $\pi_3(S^1) = \pi_2(S^1) = 0$.

以后我们将证明 $\pi_3(S^3) = \mathbb{Z}$, 因此 $\pi_3(S^2)$ 也是非平凡群. 同伦群的这个性质是 Hopf 发现的. 这个结果引起人们对球面同伦群的注意: 它说明, 按照普遍的看法仅有群 $\pi_n(S^n)$ 为非平凡群的结论是错误的.

第七章　光滑流形

拓扑学研究中最有意义的部分是对于这样一类拓扑空间的研究, 此类空间局部地与适当维数的向量空间 $\mathbb{R}^n$ 相仿. 本章我们将逐步给出此类称为光滑流形空间的定义.

先回忆分析学中的一些概念. 一个函数 $f:\mathbb{R}^n\to\mathbb{R}$ 属于 C^r 类, 若对 $i\leqslant r$ 所有偏导数 $\partial^i f/\partial x_{l_1}\cdots\partial x_{l_i}$ 存在且连续. 此时偏导数与求导次序无关.

一个映射 $F:\mathbb{R}^n\to\mathbb{R}^n$ 可以表示成函数的组 $y_1=f_1(x_1,\cdots,x_n),\cdots,y_n=f_n(x_1,\cdots,x_n)$. 设所有这些函数为 r 次连续可微, 其中 $r\geqslant 1$. 映射 F 在一点 $x=(x_1,\cdots,x_n)\in\mathbb{R}^n$ 处的 *Jacobi* 矩阵是元为 $a_{ij}=\partial f_i/\partial x_j$ 的矩阵. 今后用 *Jacobi* 行列式 J 表示 Jacobi 矩阵的行列式.

逆函数定理　*令 $F:\mathbb{R}^n\to\mathbb{R}^n$ 为一 $C^r, r\geqslant 1$ 类映射, F 的 Jacobi 行列式 J 在某点 $x\in\mathbb{R}^n$ 处异于零. 那么存在点 x 的一个邻域 $O(x)$、点 $F(x)$ 的一个邻域 $O(F(x))$ 以及 F 的一个逆映射 $\Phi:O(F(x))\to O(x)$. 映射 Φ 也属于 C^r 类.*

换言之, F 在 $O(x)$ 上的限制是个邻域 $O(x)$ 映上邻域 $O(F(x))$ 的微分同胚; 此处一个 C^r 类微分同胚意思是一个 C^r 类映射具有

一个也是 C^r 类的逆映射.

问题 令 U 为 $\mathbb{R}^n$ 中的一个连通开子集, 又令 $F: U \to \mathbb{R}^n$ 为一个在 U 的所有点具有非零 Jacobi 行列式的 C^r 类映射. F 是否可逆? 结论对 $n=1$ 是否成立?

7.1 光滑结构

定义 一个具有可数基的 Hausdorff 拓扑空间 M 称为 $C^r, r \geqslant 1$ 类光滑流形, 若每一点 $x \in M$ 具有一邻域 $O(x)$ 及一个将 $O(x)$ 映成 $\mathbb{R}^n$ 中一个域的同胚 φ_x, 而与不同点对应的同胚在这些邻域的交集上具有如下意义的相容性. 设点 $x, \tilde{x}$ 与点的邻域 $O(x)$, $O(\tilde{x})$ 有非空交. 考虑相应的同胚

$$\varphi_x: O(x) \to U_x \subset \mathbb{R}^n, \quad \varphi_{\tilde{x}}: O(\tilde{x}) \to U_{\tilde{x}} \subset \mathbb{R}^n$$

以及这些同胚在 $O(x) \cap O(\tilde{x})$ 中的限制. 映射 φ_x 将 $O(x) \cap O(\tilde{x})$ 映成集 $U_{x,\tilde{x}} \subset U_x$, 而 $\varphi_{\tilde{x}}$ 将 $O(x) \cap O(\tilde{x})$ 映成集 $U_{\tilde{x},x} \subset U_{\tilde{x}}$ (图 14).

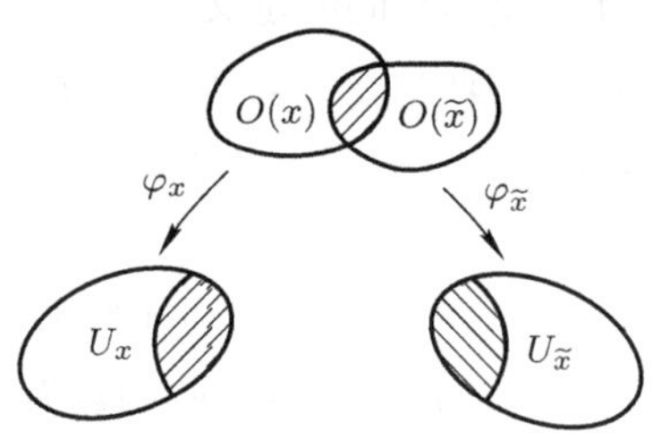

图 14

结果我们得到一个将 $\mathbb{R}^n$ 中某开集映成 $\mathbb{R}^n$ 中另一开集的同胚 $\varphi_{\tilde{x}}\varphi_x^{-1}: U_{x,\tilde{x}} \to U_{\tilde{x},x}$. 此同胚必属于 C^r 类.

定义 拓扑空间 M^n 上一个 C^r 类图册是 M^n 的由一族域 $O(x)$ 作成的覆盖, 它赋有同胚 $\varphi_x: O(x) \to U_x$ (U_x 为 $\mathbb{R}^n$ 中的域) 使对每一交集 $O(x) \cap O(\tilde{x})$ 相应的映射 $\varphi_{\tilde{x}}\varphi_x^{-1}$ 为 C^r 类微分同胚. 这样的映射 $\varphi_{\tilde{x}}\varphi_x^{-1}$ 又称图册的传递映射.

具有至少一个 C^r 类图册的拓扑空间 M^n 称为 C^r 类光滑流形.

具有同胚 $\varphi_x : O(x) \to U_x \subset \mathbb{R}^n$ 的域 $O(x)$ 称为流形上的一个图. 每个图确定流形上的所谓局部坐标: 它们是函数 $z_i \circ \varphi_x$, 其中 $z_i, i = 1, \cdots, n$ 是 $\mathbb{R}^n$ 中的固定坐标.

定义 两个 C^r 类图册称为等价, 若它们的并也是 C^r 类图册. (两个图册的并一定是一覆盖. 从而我们只要求同胚在不同图册得到的图的交上有相容性.)

定义 一个拓扑空间 M^n 上的 C^r 结构是两两等价的图册的类.

现在我们定义带有边界的光滑流形. 此时模型空间不是 $\mathbb{R}^n$, 而是半空间

$$\mathbb{R}^n_- = \{(x_1, \cdots, x_n) \in \mathbb{R}^n | x_1 \leqslant 0\}.$$

流形的定义可逐字重述, 但须代替同胚 $\varphi_x : O(x) \to U_x \subset \mathbb{R}^n$ 为同胚 $\varphi_x : O(x) \to U_x \subset \mathbb{R}^n_-$, 其中 U_x 是 $\mathbb{R}^n_-$ 中的域. $\mathbb{R}^n_-$ 中的标准开集是圆盘与半圆盘 (图 15).

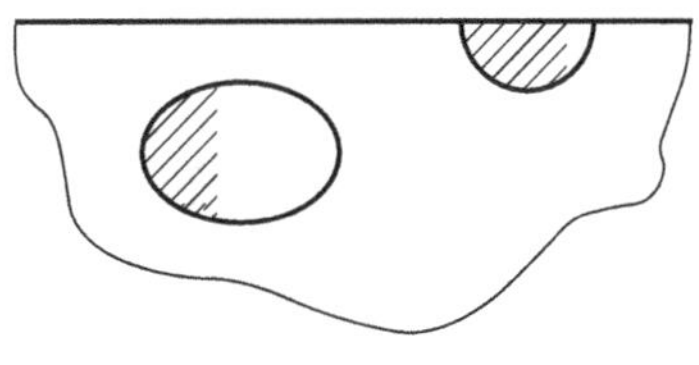

图 15

我们还要定义带边界流形的 C^r 类映射. 一个映射 $\mathbb{R}^n_- \to \mathbb{R}^n_-$ 称为 C^r 类光滑, 若它是某一定义于 $\mathbb{R}^n$ 中包含 $\mathbb{R}^n_-$ 的开集的 C^r 类映射的限制.

光滑流形理论中有个术语与一般拓扑学的用法不同. 即闭流形是指一个紧的无边界流形.

如果 M^m, N^n 是两个 C^r 类流形, 则可定义 C^p 类的光滑映射 $f : M^m \to N^n$ 概念, 其中 $p \leqslant r$. 为做这件事考虑图 $\varphi : O(x) \to \mathbb{R}^m, x \in M^m$ 及图 $\psi : O(f(x)) \to \mathbb{R}^n$. 那么出现的从 $\mathbb{R}^m$ 到 $\mathbb{R}^n$ 的映射 $\psi f \varphi^{-1}$ 对所有图必为 C^p 类. 对 $p > r$ 此定义无意义, 因为映射的光滑性将依赖于图册的选择.

两个流形 M^m, N^n 称为微分同胚, 若存在具有 C^r 类逆映射的 C^r 类映射 $\varphi: M^m \to N^n$. 自然此时必有 $m=n$.

问题 下列拓扑空间都允许有 C^r 类流形的结构: $S^n, \mathbb{R}P^n$, Grassmann 流形 $G_k(\mathbb{R}^n)$ 与 $G_k^+(\mathbb{R}^n)$, 李群 $GL(\mathbb{R}^n)$ 与 $O(n,\mathbb{R}^n)$.

7.2 定 向

一个图册称为定向, 若所有传递映射 $\varphi_{\tilde{x}}\varphi_x^{-1}$ 的 Jacobi 行列式 J 处处有正号.

一个流形的定向是定向图册的一个选择.

一个流形称为可定向, 若它允许有一个定向, 且若已固定一定向, 则称此流形已定向.

问题 前文提及的流形哪些为可定向?

练习 证明与一个定向图册等价的任一图册, 可以用其同胚 φ_x 与标准反定向映射 $\mathbb{R}^n \to \mathbb{R}^n, (x_1, \cdots, x_n) \to (x_1, \cdots, x_{n-1}, -x_n)$ 的合成来确定定向.

7.3 光滑流形上的切丛

我们从一点 $x \in \mathbb{R}^n$ 处的切向量的定义开始. 此时切向量只是简单的附于 x 的通常向量. 为了能将切向量概念适用于流形, 我们必须 (用局部坐标) 改变这种定义方式.

考虑所有可能的使 0 映成 x 的 $C^r, r \geqslant 1$ 类映射 $(-\varepsilon, \varepsilon) \to \mathbb{R}^n$. 两个映射 $\gamma, \tilde{\gamma}$ 当

$$|\gamma(t) - \tilde{\gamma}(t)| = o|t|, t \to 0$$

时可认为是 (在 0 处) 等价. 如果 $\mathbb{R}^n$ 中的坐标 $x_1, \cdots, x_n$ 固定, 则映射 $(-\varepsilon, \varepsilon) \to \mathbb{R}^n$ 由 n 个函数 $(-\varepsilon, \varepsilon) \to \mathbb{R}^1$ 给出. 容易看出, 两个这样的映射在前述意义下等价, 当且仅当相应函数在 0 处的一阶导数相等. 由这个等价关系导出的等价类称为 (在 x 处的) 切向量. 所有 x 处的切向量的集合称为此点的切空间.

在这个切空间上有一个自然的向量空间结构. 事实上, 令 $\gamma, \tilde{\gamma}$ 是表示向量 v 与 $\tilde{v}$ 的映射 $(-\varepsilon, \varepsilon) \to \mathbb{R}^n$. 考虑映射 $\lambda\gamma + \mu\tilde{\gamma}, \lambda, \mu \in \mathbb{R}$.

对应于这个映射的向量不依赖于表示 γ 与 $\tilde{\gamma}$ 的选择. 此向量便是线性组合 $\lambda v+\mu\tilde{v}$.

沿 $\mathbb{R}^n$ 中局部坐标的导数可以用来当作切空间中的坐标系. 就是说, 可以假定由映射

$$\gamma: t \mapsto (\gamma_1(t), \cdots, \gamma_n(t))$$

表示的向量的坐标是

$$\left(\frac{d\gamma_1}{dt}(0), \cdots, \frac{d\gamma_n}{dt}(0)\right).$$

要指出的是切空间中的加法与数乘运算不依赖于 $\mathbb{R}^n$ 中坐标的选择.

一个流形 M 在 x 处的切空间可以类似地用任意局部坐标系来定义. 以 T_xM 记之.

在切空间语言下, 流形的定向对应于所有切空间定向的一种相容的选择. 在 $\mathbb{R}^n$ 的所有点处的切空间可以用平移来恒同, 因此在 M^n 的任一图册的一个图的所有点处切空间也可以恒同. 特别地, 我们已经知道在一个图上如何来协调切空间的定向.

现在我们试把相同定向的切空间概念推广到两个图 U,V 的并集上去. 为做这件事, 我们取 $\mathbb{R}^n$ 中对应于同胚 φ 与 ψ 的两图, 我们已经知道什么是 $\mathbb{R}^n$ 中切空间的相同定向. 结果我们得到了切空间一点 $x\in U\cap V$ 处的两个定向, 它们可能不相同: 定向之一来自点 $\varphi(x)\in\varphi(U)$ 处切空间的定向, 另一个来自点 $\psi(x)\in\psi(V)$. 那么定向的相容性等价于说, 映射 $\varphi\psi^{-1}$ 在 x 处的 Jacobi 行列式为正.

对一个光滑流形 M^n, 考虑 M^n 上由所有点处所有切向量组成的集 TM^n, 即 TM^n 是以偶 (x,v) (其中 $x\in M^n, v\in T_xM^n$) 为元的集. 有一个自然方法在 TM^n 上引进拓扑空间 (乃至光滑流形) 构造. 考察 M^n 的一个图 V_α 的覆盖. 对于每个图, 同胚 $\varphi_\alpha: V_\alpha\to U_\alpha\subset\mathbb{R}^n$ 确定 TV_α 与 TU_α 之间的一一对应. 但因 $\mathbb{R}^n$ 的不同点处的切空间可以用平行移动方法将它们恒同, 故 $TU_\alpha=U_\alpha\times\mathbb{R}^n$. 在集 $TU_\alpha=U_\alpha\times\mathbb{R}^n$ 上有一个光滑流形的自然结构 (从而也有一个拓扑空间结构). 此结构传承至 TV_α 上. 在图 TU_α 的交集上这些映射为相容的 (即这些图的并是 TM^n 上一个光滑的图册).

具有自然投射 $TM^n\to M^n$ 的空间 TM^n 称为**切丛**. 这个丛的每一个纤维已赋有 n 维向量空间结构.

问题　任意流形 M^n 上切丛 TM^n 的全空间为可定向，且有一选择定向的标准方法.

以下我们着重考虑 C^∞ 类流形 (为简单计记为 C^∞ 流形).

7.4　Riemann 结构

定义　M^n 上的一个 *Riemann* 结构是一个 (C^∞ 类) 光滑函数 $g: TM^n \to \mathbb{R}$, 它在任一纤维 T_xM^n 上的限制是一个正定二次型.

任意一个这样的二次形定义了一个对称双线性型，因此任一 Riemann 结构在任一点 $x \in M^n$ 处切空间上定义一个内积.

一个二次型可用来定义任一切向量的长度，即向量 $v_x \in T_xM^n$ 的长度 $||v_x||$ 等于 $\sqrt{g(v_x)}$.

定理　任何光滑流形上都存在 Riemann 结构.

此定理的证明用到一个重要的辅助作法：单位分解. 让我们从仿紧性的定义开始. 空间 X 的一个开覆盖 $\{V_\alpha\}$ (即一个使 $\bigcup V_\alpha = X$ 的开子集族 $V_\alpha \subset X$) 称为内接于覆盖 $\{U_\beta\}$, 如果任一开集 V_α 含于某集 U_β 内. 拓扑空间 X 称为仿紧的, 若对 X 的任一开覆盖, 存在一个局部有限开覆盖 (即每一点 $x \in X$ 仅被有限个子集 V_α 所覆盖) 内接于原有覆盖.

问题　a) 证明任一流形均为仿紧的.

b) 证明对任一 n 维流形存在一个开覆盖使每一点被不多于 $n+1$ 个集所覆盖.

定义　令 X 为一拓扑空间, 具有一个局部有限的开覆盖 $\{V_i\}$. X 上一个 (从属于所给覆盖的) 单位分解是指一个定义于 X 上的函数 λ_i 的集, 取非负值, 且满足下面条件:

1) λ_i 的承载子 (即使得 $\lambda_i(x) \neq 0$ 的 x 点集的闭包) 含于 V_i 中;

2) 对任一点 $x \in X$ 等式 $\sum \lambda_i(x) = 1$ 成立. (局部有限性假设蕴涵此式仅有限项非零, 故上式定义明确.)

定理　任一 C^∞ 光滑流形的任何局部有限开覆盖都存在一个具有 C^∞ 类光滑函数 λ_i 的 (从属于此覆盖的) 单位分解.

我们不打算给出此定理的证明. 其证明立足于如下事实: 对 $\mathbb{R}^n$ 中开域的偶 $U \subset V$, 若 $\bar{U} \subset V$, 则存在一光滑函数 f, 其在 U 上等于 1, 在 V 外为 0.

让我们在一流形 M 上定义一 Riemann 度量. 在 $\mathbb{R}^n$ 上取一正定二次型 (因此也对应了 Riemann 度量). 考虑 M 的由图组成的一个局部有限覆盖. 借助 $\mathbb{R}^n$ 上对应函数 φ_i 的微分, 可以在任一图 V_i 的切丛上诱导一 Riemann 结构 g_i, 但这样得到的结构在图的交集中未必相容. 为使这些结构能相容, 我们取一个从属于由 M 的图 V_i 作成的局部有限覆盖上的单位分解 $\{\lambda_i\}$. 对点 $x \in M$ 处的 Riemann 结构, 我们作空间 T_xM 上的二次型 $\sum \lambda_i(x)g_i(x)$. 正定二次型的取不全为零的非负系数的线性组合仍是一个正定二次型. 这样我们就得到一个全局的 Riemann 结构.

Riemann 结构可用来定义流形上曲线的长度. 一曲线由映射 $\gamma:[0,1] \to M$ 给出. 此映射使每一点 $t \in (0,1)$ 联系上一个切向量 $v(t)$. 将线段 [0,1] 分成 n 个等长段. 令 t_i 为第 i 个段的一点, 则曲线的长度可定义为极限 $\dfrac{1}{n}\sum \|v(t_i)\|, n \to \infty$. 若映射 γ 为光滑, 则此极限存在. 此外它不依赖于参化 γ 的选择, 就是说, 如用 $\gamma \circ \varphi$ 代替映射 γ, 其中 $\varphi:[0,1] \to [0,1]$ 为一微分同胚, 则此极限保持不变.

Riemann 结构将 M 作成一个度量空间. 点 $x, y \in M$ 间的距离用下法定义. 考虑所有光滑 (或逐段光滑) 的联结 x 与 y 的道路, 并取这些道路长度的下确界. 此即 x, y 点之间的距离. 用这种方法在 M 上定义的度量称为 *Riemann 度量*.

定理 (微分几何中的定理) *对流形的任一点存在此点的小邻域, 使此邻域的任两点可用唯一一条最短道路相连.*

此道路称为*测地线*.

令 M 及 N 为光滑流形, 其中 M 为紧的. 那么我们可以在连续映射 $f: M \to N$ 的集合中取

$$p(f,g) = \sup_{x \in M} r(f(x), g(x))$$

而引进 C^0 度量, 其中 r 是 N 上 Riemann 度量. 如果两个映射 f, g 在 C^0 度量下充分靠近, 则它们同伦. 事实上, 若点 $f(x)$ 与点 $g(x)$ 彼此充分靠近, 则存在唯一的联结两点的测地线. 将测地线的长度

用比例 $t:(1-t)$ 分划, 而后选点 $f_t(x), t\in[0,1]$. 那么映射族 f_t 便是联结映射 f 与 g 的同伦.

命题 任一连续映射 $M^m\to N^n$ 可以用一个任意精确的光滑映射逼近. 特别地, 一紧流形到另一光滑流形的任一连续映射同伦于一光滑映射.

此命题的证明基于 Weierstrass 定理: m-立方体上的连续函数可以用多项式任意逼近. 我们甚至可以证明, 任何 C^r 类函数可以用下式所给的 C^r 度量用多项式精确地逼近:

$$p(f,g)=\max_{\alpha\leqslant r, x\in I^m}\left|\frac{\partial^\alpha}{\partial x_{i_1}\cdots\partial x_{i_\alpha}}(f-g)\right|.$$

利用图与单位分解即可从这个命题推出前面定理.

因此, 紧流形 (可以是带边界的流形) 上的光滑映射和连续映射的同伦类的计算给出同样答案.

7.5 余切丛与函数的梯度向量场

与切丛 TM 一起可以考虑一光滑流形的*余切丛* T^*M: 它在任一点 $x\in M$ 上的纤维是一个与 TM 的纤维 T_xM 对偶的空间, 即线性泛函 $T_xM\to\mathbb{R}^1$ 的空间. 此丛的纤维 T_x^*M 的一个元是所谓 M 在点 x 处的*余切向量*. M 上的 Riemann 结构 g 在纤维丛 TM 与 T^*M 之间定义了一个同构: 它将每一切向量 $v\in T_xM$ 变成一余切向量 $G(v,\cdot)\in T_x^*M$, 其中 G 是 T_xM 上的, 对应于二次函数 g_{T_xM} 的对称双线性型, 而此余向量在任一向量 $w\in T_xM$ 处的值等于 $G(v,w)$.

一光滑函数 $f:M\to\mathbb{R}^1$ 在 M 上定义了一个余向量 df, 即它对任一 x 指定了空间 T_x^*M 的一个元 df_x. 它在向量 $v\in T_xM$ 上的值由 f 沿此向量 v 的增长量定义. 说精确些, 若用某映射 $\gamma:(-\varepsilon,\varepsilon)\to M, \gamma(0)=x$ 表示 v, 则余向量 df 在向量 v 处的值等于 $\dfrac{d(f\circ\gamma)}{dt}(0)$. M 上的 Riemann 结构将此余向量变成一向量场, 称为函数 f 的*梯度向量场*, 并记为 grad f 或 ∇f. 此向量场在 f 的奇点处 (其时 f 的所有一阶偏导数均为零) 等于零. 在 f 的所有非奇点处, 它与所有切于等值集 $f^{-1}(\text{const})$ 的向量 $w \in TM$ 正交 (依数量积 G 而言), 且指向使 f 增长的那一侧.

第八章　映射的度

8.1　光滑映射的临界集

考虑光滑流形间的光滑映射 $f: M^m \to N^n$, 在点 $x \in M^m$ 的邻域中选一局部坐标 $x_1, \cdots, x_m$, 又在点 $f(x) \in N^n$ 的邻域中选一局部坐标 $y_1, \cdots, y_n$. 在这些局部坐标下映射 f 由 n 个函数 $y_i = \varphi_i(x_1, \cdots, x_m)$ 给出.

定义　点 $x \in M^m$ 称为映射 f 的*正则点*, 若 x 处的 Jacobi 矩阵 $(\partial\varphi_i/\partial x_j)$ 具有最大可能的秩, 即它等于 $\min(m, n)$.

容易证明, Jacobi 矩阵的秩与局部坐标的选择无关. 事实上, 坐标变换相当于 Jacobi 矩阵左及右乘以非退化矩阵.

隐函数定理指出, 对一个正则点 x, 存在一个中心在 x 处的局部坐标 $x_1, \cdots, x_m$ 以及中心在 $f(x)$ 处的局部坐标 $y_1, \cdots, y_n$ 使映射具有下面形式:

若 $m \geqslant n$, 则 $y_1 = x_1, \cdots, y_n = x_n$;

若 $m \leqslant n$, 则 $y_1 = x_1, \cdots, y_m = x_m, y_{m+1} = \cdots = y_n = 0$.

定义　一个所有点均为正则的光滑映射 $M^m \to N^n$, 若 $m \leqslant n$, 称为*浸入映射*, 若 $m \geqslant n$, 称为*浸没映射*.

浸入映射 $S^1 \to \mathbb{R}^2$ 的像的一个例见图 16.

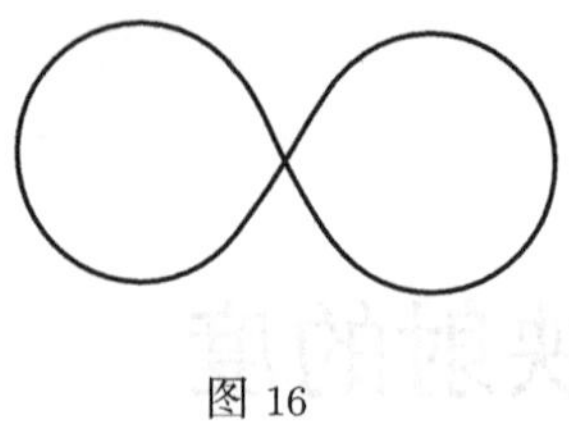

图 16

若一个点 $x \in M^m$ 对映射 $f: M^m \to N^n$ 非正则, 那么称为奇点, 或临界点. 所有临界点的像又称为临界值集.

例如, 球面到平面的投射的临界点集为赤道圆, 而临界值集是这个圆的投射 (见图 17).

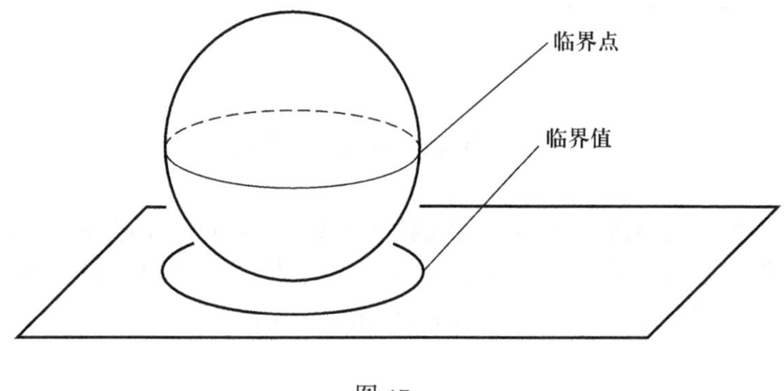

图 17

Sard 引理 (或 Brown 定理或 Morse-Sard 引理) 一个光滑映射的临界值的集具有零测度.

8.2 映射的度

Sard 引理最重要的推论是: 任何一个光滑映射都有非临界值. 这一性质使我们能定义相同维数的紧光滑定向流形之间的映射度. 取映射 $f: M^n \to N^n$ 的一个非临界值 $y \in N^n$. 那么集合 $f^{-1}(y)$ 的所有点均为正则. M^n 的紧性蕴涵集合 $f^{-1}(y)$ 为有限集, 即 $f^{-1}(y) = \{z_1, \cdots, z_k\}$. 对每一点 z_i 联系上 f 在此点的 Jacobi 行列式的符号 ± 1. 依假设这种关联是可以办到的, 因为根据假设两个流形

M^n, N^n 均为定向, 即每一图的定向都已固定, 所以 f 的 Jacobi 行列式的符号 (对于局部坐标的正定向) 也完全确定. 这个符号称为 z_i 点处的指标.

定理 集合 $f^{-1}(y)$ 所有点的指标和与点 y 的选择无关. 此外, 这个指标和在映射 f 的同伦下不改变.

此定理断定了下面概念的合理性.

定义 集合 $f^{-1}(y)$ 的所有点的指标和称为映射 f 的度.

此定理的一个可能的证明立足于奇点理论. 映射 $f: M^n \to N^n$ 的一个奇点 x 称为可褶点, 若它允许有一局部坐标为 $x_1, \cdots, x_n$ 的邻域, 而点 $f(x)$ 也允许有一局部坐标为 $y_1, \cdots, y_n$ 的邻域, 使映射 f 具有形式

$$y_1 = x_1^2, y_2 = x_2, \cdots, y_n = x_n.$$

例 一维流形的映射局部相似于函数 $f: \mathbb{R} \to \mathbb{R}$. 点 x 为正则, 若 $f'(x) \neq 0$. 最简单奇点 x 具有性质 $f'(x) = 0, f''(x) \neq 0$. 依 Morse 引理, 此函数在适当的局部坐标下形状为 x^2, 因此为一可褶点.

称 $f: M^n \to N^n$ 为上佳映射, 若它的所有奇点中非可褶点都属于维数至多为 $n-2$ 的有限个子流形.

可褶点的定义蕴涵这样结论, 在可褶的邻域中存在可褶点的一个超曲面. 作为一个规律, 较复杂的奇点都属于小维数子流形. 换言之, 这是一种上佳映射. 更精确的结论如下.

定理 对 $r \geqslant 1$, 任何 C^r 光滑映射可以用一个在 C^r 度量下任意精度的上佳映射逼近.

这个定理说明, 只需对上佳映射来证明前面定理就行. 事实上, 若 y 为一映射 f 的非临界值, 则对与 f 充分靠近的任意映射 g, 集合 $f^{-1}(y)$ 与 $g^{-1}(y)$ 有一一对应, 而且相应的指标相同.

对一上佳映射, 任两个非临界值可以用一条道路相连, 但此道路不经过奇性比可褶点更复杂的奇点的像点. 因此只要证明当道路经过可褶点的像点时指标和不会改变即可. 又因仅有第一坐标 $y_1 = x_1^2$ 出现映射的非正则性, 因此只要研究一维情形即可.

在一维情形, 通过可褶点的像点时, 会导致原像从两点变成空集的过程 (见图 18). 但此时这两个点的指标反号, 故其和为零, 它与空集情形一致.

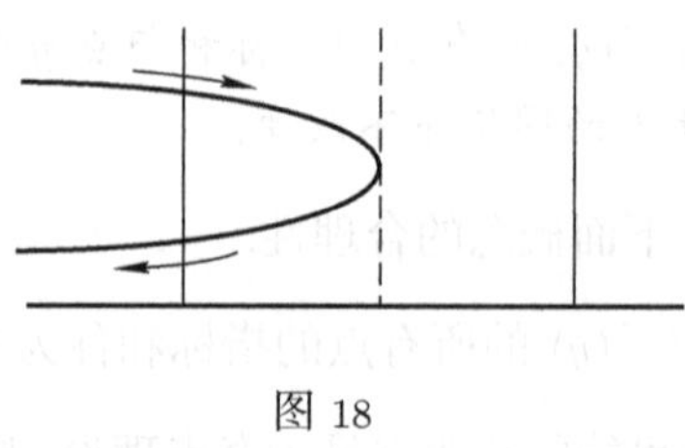

图 18

现在我们可以证明映射的度在同伦下不变. 考察一个同伦 $f_\lambda : M^n \to N^n, \lambda \in [0,1]$. 对每一 $\lambda \in [0,1]$ 映射 f_λ 有一非临界值. 在 λ 的小变化下此值原像中的点数, 以及它们的指标, 都不变. 因此, 每一点 $\lambda \in [0,1]$ 允许有邻域 U_λ 使对所有 $\mu \in U_\lambda$ 映射 f_μ 的度相同. 线段 [0,1] 的邻域 U_λ 覆盖应有一个有限子覆盖, 因此 f_0 的度等于 f_1 的度.

8.3 映射 $M^n \to S^n$ 的分类

映射度的概念能使我们在不计同伦时, 对映射 $M^n \to S^n$ 进行分类, 其中 M^n 为一连通紧定向 (无边界) 流形.

定理 *映射度相等的两个映射 $M^n \to S^n$ 为同伦. (此结论对于有基点的映射以及任意映射范畴内也对.)*

我们要去证明的是, 对任一数 $k \in \mathbb{Z}$ 存在一个度数为 k 的映射 $M^n \to S^n$. 特别有 $\pi_n(S^n) \cong \mathbb{Z}$.

定理的证明 我们在每一固定度数 k 的映射类里选择某一标准映射, 而后将别的映射用同伦办法演化到这一情形.

假设球面 S^n 的北极 N 为一非临界值 (用一个 S^n 到自身的微分同胚能保证这一点). 用此极点去确定映射的度, 并用南极 S 作为基点. 选 N 的一个甚小邻域 U, 使原像 $f^{-1}(U)$ 由 $f^{-1}(N)$ 的点的两两不相交邻域组成, 而且 f 在每一个这样的邻域中的限制为一映上 U 的微分同胚 (图 19).

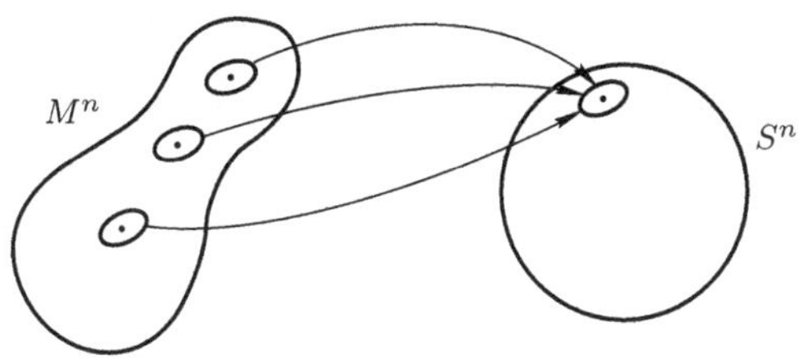

图 19

考察恒等映射 id_{S^n} 到映射 $S^n \to S^n$ 的同伦 g_t, 此映射将 U 拉大至整个球面, 即将 $S^n \backslash U$ 沿子午线压缩成点 S.

现在我们考虑初始映射 f 的同伦 $g_t f$. 它的最后映射将 $f^{-1}(U)$ 的余集映成 S, 但将点 $f^{-1}(N)$ 的邻域微分同胚地映成 $S^n \backslash S$.

虽然此映射看来足够简单, 但还不是我们真正所要的. 我们要作出标准意义下 $f^{-1}(U)$ 的连通分支的所有映射, 以便消去 $f^{-1}(N)$ 中具有反号局部指标的点的对应分支, 并在标准意义下重排 M^n 中的其余分支. 我们现在来做这件事.

先设 $f^{-1}(N)$ 由一个点组成. M^n 的一个微分同胚能使点 $f^{-1}(N)$ 与一个选择的点 $\nu \in M^n$ 恒同.

考虑将 ν 变成 N 且具有同号 Jacobi 行列式的、由点 ν 的邻域到 $S^n \backslash S$ 的两个微分同胚. 这两个微分同胚在某局部坐标下具有形状 $y_1 = f_1(x), \cdots, y_n = f_n(x)$ 及 $y_1 = g_1(x), \cdots, y_n = g_n(x)$. 选择局部坐标使 $f(0) = g(0) = 0$, 则有 $f(x) = Ax + O(\|x\|^2)$, 其中 A 是 f 在 0 处的 Jacobi 矩阵. 现在考察同伦 $f_\tau = \tau f + (1-\tau)\tilde{f}$, 其中 $\tilde{f}(x) - Ax$. 所有映射 f_τ, 可能除去一个小邻域, 均为局部微分同胚 (其 f_τ 在 0 处的 Jacobi 行列式与 τ 无关). 同样可以作出一个连接映射 g 与线性部分 Bx 的同伦. 依假设线性映射 A 与 B 的行列式同号, 因此这些映射可以用一个同伦连接. 虽然我们的证明仅对一小邻域作出, 但我们开始证明时所用的技巧 (它包含将球面上的邻域扩张成 $S^n \backslash S$) 可以重复.

我们已经对 $f^{-1}(N)$ 包含一个单点的情况得到了证明. 将此情形拓广到对 $f^{-1}(N)$ 的所有点其 Jacobi 行列式符号都相同的情况, 其证明是不难的. 事实上 M^n 的连通性蕴涵 M^n 的两两不同的无序 k 重点的集合也是连通的. 此外一个中心在前 k 个点的 k 组小球可以重排为中心在另 k 个点的 k 组小球. 这种重排可以扩张成 M^n 的恒等映射的同伦. 证明中只用到下面性质: 对球的任两个点存在一个在边界上恒同、且将第一点变成第二点的同痕映射 (即一微分自同胚的光滑族).

为完成证明, 我们必须知道怎样消去具有反号 Jacobi 行列式的球. 让我们画出两个具有反号 Jacobi 行列式且相互靠近的球, 再考察一个同胚于立方体且含有两个球的域 (见图 20); 则用一个同伦改变我们的映射使它在一个球中的限制与在另一个球中的限制能对图 20 中立方体的中位线为镜像对称 (即新映射将对称点映成同一点; 图中的阴影域被映成基点 S).

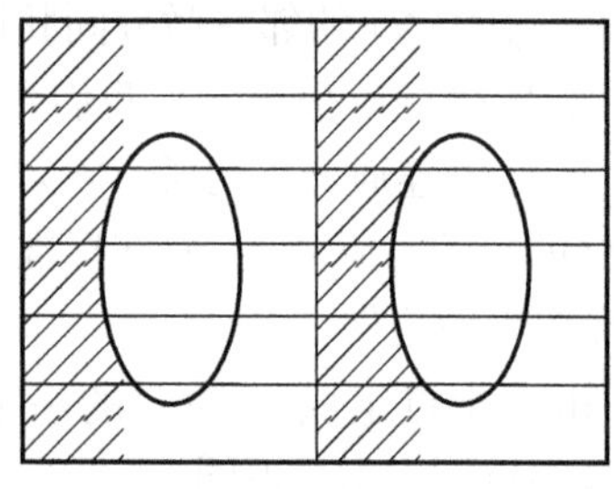

图 20

考虑正交于分割球的墙的线段族. 此映射在每一线段左侧与右侧的映射对称. 换言之, 映射在线段上的限制是 S^n 中两条道路 γ, γ^{-1} 的合成. 存在这种映射与另一个线段的常值映射的同伦, 后者将线段映成其端点的像点, 即点 S. 这些同伦随线段到线段连续地变化. 这就使我们能构作一个联结这样两个映射的同伦, 其中之一是含有两个球的立方体的映射, 另一个是立方体到点 S 的常值映射, 它使同伦在立方体边界的限制为常值, 而这就正是我们所需要的作法. □

容易作一个具有给定的度 $\pm k$ 的映射 $f: M^n \to S^n$. 为此考察流形 M^n 中两两不交的球 $U_1, \cdots, U_k$. 将每一此种球微分同胚地映成 $S^n \backslash S$ 并使 Jacobi 行列式同号, 再将 M^n 的其余部分映成基点 S 即可.

8.4 向量场的指标

我们记得 (见第六章) 纤维丛 $p: E \to B$ 的一个截片是一个映射 $s: B \to E$, 使 $p \circ s$ 是 B 到自身的恒等映射.

定义 切丛 $TM^n \to M^n$ 的一个光滑 ($C^r, r \geqslant 0$ 类) 截片称为流形 M^n 上一个 C^r 类光滑向量场.

换言之, 一个向量场使每一点 $x \in M^n$ 联系该点处的切向量, 并要求切向量光滑地依赖于此点. 常微分方程便是讨论在所有点均以向量场为切向量的曲线.

向量场的奇点是与零切向量相联系的点. 可以证明 (不久我们将证明这个结论) 球面 S^2 上任何向量场必有奇点.

向量场的奇点称为孤立的, 若它有不含其他奇点的去孔邻域.

紧流形 M^n 上仅有孤立奇点的向量场在所有向量场的空间 (在一自然的拓扑支持下) 中, 构成一个处处稠的开子集, 就是说几乎所有向量场都只有孤立奇点.

$\mathbb{R}^n$ 中向量场的孤立奇点的指标定义如下. 考虑一个中心在孤立奇点的、具有小半径 ε 的球面 S_ε^{n-1}. 在此球面的每点上取一个切向量并将之平行移动到孤立奇点处. 这个移动的向量指向单位球面 S_1^{n-1} 上一个点. 用这样的方法我们得到一个光滑映射 $S_\varepsilon^{n-1} \to S_1^{n-1}$. 这两个球面的定向可以选成一致, 办法是通过显然的膨胀将其中一个变成另一个. 于是映射的度已被明确定义; 可以称之为该奇点的指标. 此指标不依赖于球面 S_ε^{n-1} 的选择 (只要并无其他奇点含于其中). 事实上, 球面 S_ε^{n-1} 的一个小的不接触奇点的扰动将映射改变成一个与之同伦的映射.

如果在 $\mathbb{R}^n$ 中有多于一个奇点, 则我们用小球面围绕每一个奇点, 再用一个更大的球面包围它们 (图 21). 用同一方式可以定义大球面关于向量场的指标.

此外, 对每一 $\mathbb{R}^n$ 中不经过奇点的 $n-1$ 维紧闭定向流形, 指标也定义明确.

定理 令 U 为 $\mathbb{R}^n$ 中一域, 其闭包微分同胚于球 D^n, 并设向量场 v 在 U 中仅有孤立奇点, 但不在边界 $\partial\bar{U}$ 上. 那么向量场 v 在边界 $\partial\bar{U}$ 上的指标 (即诱导映射 $\partial\bar{U} \to S^{n-1}$ 的度) 等于 v 的在 U

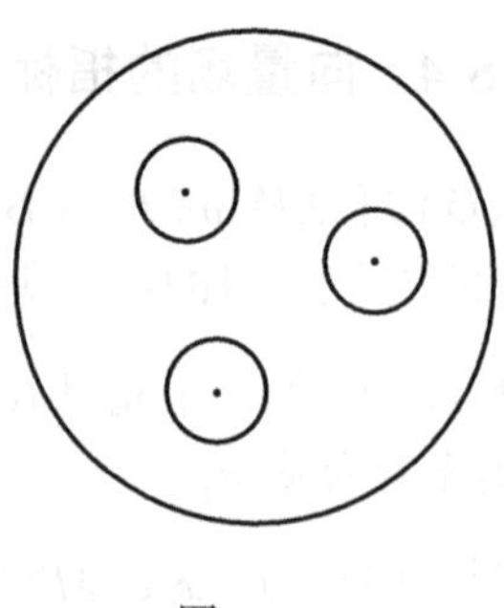

图 21

内奇点指标之和.

证明 指标在 $\partial\bar{U}$ 的连续形变下不会改变, 因此可设 $\bar{U}$ 是所有中心在奇点的球用窄管道连接起来的链, 见图 22a. "撕开" 每一个管道 (见图 22b), 我们就将 U 分成两个域, 且容易看出在这些域的边界上的指标和的等于原来域上的指标. 事实上, 用向量场的相同办法考虑剔去奇点的 $\mathbb{R}^n$ 到 S^{n-1} 的映射. 依 Sard 引理可选此映射在 S^{n-1} 中的非奇值, 则依隐函数定理此点的原像是 $\mathbb{R}^n$ 中一条曲线. 若 $n=3$, 则可选的窄管道使与此曲线不相交. 若 $n=2$, 则它们将相交, 但任何此种相交将提供管道边界与曲线的两个交点, 而这两个交点具有反号的指标. 因此证明可以对奇点个数用归纳法来完成. □

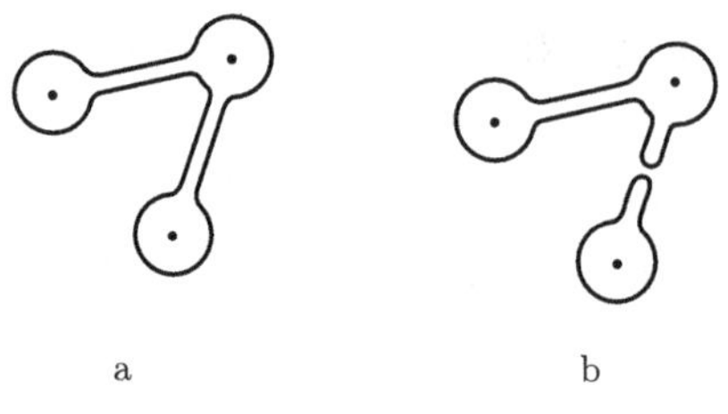

图 22

注 上面定理中有关域与球为微分同胚的条件可以除去, 只要求它是个具有光滑边界的紧域即可.

我们已经定义了 $\mathbb{R}^n$ 中向量场奇点的指标. 在任意流形 M^n 上向量场的奇点指标可以用局部坐标法类似地定义, 而且这个定义与局部坐标的选择无关.

问题 若改变流形的定向, 指标会有什么改变?

定理 *令 M^n 为一紧 (无边界) 流形. 那么对所有具有孤立奇点的向量场, 奇点指标之和相同.*

证明此定理的方法之一是去考察一个通有向量场; 一个仅含在某种意义下为 "好的" 奇点 (即具有有限拓扑型的点) 的向量场. 这样的向量场的常用手术可能出现在向量场的一个通有单参族中, 而对此种手术的讨论能使我们验证指标和在这样的手术下不会改变.

因此 M^n 上一个向量场的指标和仅仅依赖于 M^n. 此数称为 M^n 的 *Euler 示性数*. 下一章我们将给出 Euler 示性数的一个完全不同的定义, 并证明两者等价, 且给出上述定理不依赖于奇点分类的证明.

第九章 同调: 基本定义与例子

同调是近代数学的一个中心概念. 它经常用来讨论比本书更为广泛的内容. 但我们将主要关心同调理论对拓扑学的应用. 同调群与同伦群很相似. 但它的定义要复杂得多, 不过却易于计算.

9.1 链复形及其同调

定义 一个 Abel 群及其同态的序列

$$\cdots \to C_i \xrightarrow{\partial_i} C_{i-1} \xrightarrow{\partial_{i-1}} C_{i-2} \xrightarrow{\partial_{i-2}} \cdots \xrightarrow{\partial_1} C_0$$

若对所有 $i > 1$ 成立 $\partial_{i-1} \circ \partial_i = 0$, 则称为链复形. 同态 ∂_i 称为边缘同态.

此条件也可解释成 $\mathrm{im}\,\partial_i \subset \ker \partial_{i-1}$. 类似情况我们在群的正合列的定义中碰到过; 那时满足条件 $\mathrm{im}\,\partial_i = \ker \partial_{i-1}$. 这也是为什么有时人们说链复形满足半正合条件.

商群 $H_i(C) = \ker \partial_i / \mathrm{im}\,\partial_{i+1}$ 称为链复形 C 的 i 维 (或称第 i 个) 同调群. 群 $\ker \partial_i$ 称为 C 的 i 维循环群, 群 $\mathrm{im}\,\partial_{i+1}$ 称为 i 维边缘群.

群 $H_0(C) \oplus H_1(C) \oplus \cdots$ 称为 C 的全同调群, 常记为 $H_*(C)$.

例 同态的序列 $0 \to \mathbb{Z} \xrightarrow{\times p} \mathbb{Z} \to 0$, 其中 $\times p$ 表示乘以 p, 这显然为一链复形. 相应的同调群为 0 以及模 p 的剩余类群 $\mathbb{Z}_p$.

研究链复形不仅是对于群, 也可以讨论环、向量空间, 等等. 在这种情况下同态必须保持相应的代数结构.

我们常设同调群为有限生成的. 一个有限生成的 Abel 群 H_i 同构于群 $\mathbb{Z}^n \oplus (\oplus_q(\mathbb{Z}_q)^{n_q})$, 其中 q 遍历所有素数的幂, $n_q \geqslant 0$. 和式 $\oplus_q(\mathbb{Z}_q)^{n_q}$ 称为挠群, 记为 Tors. 这个和项事实上作为由所有有限阶元组成的子群而完全确定. 和项 $\mathbb{Z}^n$ 是同调群的自由项部分, 作为同调群的子群, 由于自由元与挠元的和仍为自由元, 故无法确定. 数 n 称为 *Betti* 数.

设我们所考虑的链复形为有限的, 即它由有限个非平凡群 C_i 组成, 每一个具有形状 $\mathbb{Z}^{a_i}$. 那么定义此复形的 *Euler* 示性数为

$$\sum(-1)^i a_i.$$

问题 证明

$$\sum(-1)^i a_i = \sum(-1)^i b_i,$$

其中 b_i 是 Betti 数.

提示: 每一非平凡微分 ∂_i 将消去相邻群中的自由生成元.

我们用同调来构造拓扑空间的不变量, 即其同调群的列.

9.2 单纯多面体的单纯同调

让我们从单形的定义开始. 设 $N > k$. 在 $\mathbb{R}^N$ 中取 $k+1$ 个一般位置的点. 这些点的凸包称为 k 维单形 Δ^k. 对 $k = 0, 1, 2, 3$, 这些单形分别是一点、一个线段、一个三角形和一个四面体. 单形的任一面还是一个单形. 定义 k 维单形另一个更标准的方法如下: 单形是 $\mathbb{R}^{k+1}$ 中由条件

$$x_1 + \cdots + x_k = 1, \quad x_i \geqslant 0$$

给出的点集. 此单形称标准单形. 单形的一个定向是其顶点的一个 (数标) 排序, 但彼此相差一个偶置换.

单形 Δ^k 的内点集 (即不在真面上的点) 为一 k 维流形. 上面定义的单形定向概念正好与此流形的定向概念等价. 事实上, 我们可以将单形的顶点的任一排序 $\{A_0, \cdots, A_k\}$ 联系上一个由平行于棱 $A_0A_1, \cdots, A_0A_k$ 的向量组成的、任一内点处的切向量框架.

练习 证明单形定向的上述两个定义在前文内点所确定的定向意义下等价.

现在给出单纯多面体的定义. 一开始, 我们定义一个 $\mathbb{R}^n$ 中单纯多面体为 $\mathbb{R}^n$ 中单形的一个集合, 要求满足下面条件:

1) 仅有有限个单形相交于任一点的甚小邻域内;

2) 属于此单形集的单形的面也属于此集;

3) 此集中任两个单形的交是这些单形的公共面 (单形本身以及空集也视为单形的面).

多面体的*承载子*是指此多面体所有单形的点的集合论意义上的并.

较抽象的定义如下. 一个*单纯多面体*是一个拓扑空间, 它可以表示成一些子空间的局部有限的并, 这些子空间 (可称为多面体的单形) 都带有映到适当维数的标准单形上去的*特征同胚*, 并满足上述条件 1)—3). 此外还必须满足如下协调性条件. 即将 X 中 k 维单形映到标准单形的特征同胚, 还确定了单形每一面到同一标准单形 $\Delta^k \subset \mathbb{R}^{k+1}$ 的嵌入. 这个嵌入是面到标准单形的面的同胚, 后者也是某坐标子空间 $\mathbb{R}^{i+1} \subset \mathbb{R}^{k+1}$ 中的一个标准单形. 最后这个同胚必须 (除了坐标的编号不同) 与此面的特征同胚一致.

这个抽象的定义基本上没有什么新意, 但它可以证明任一*有限维*单纯多面体可在某 Euclid 空间中实现为一个单纯多面体.

一个拓扑空间 X 的*三角剖分*是一个同胚, 也就是 X 与一单纯复形的承载子之间的同胚.

定理 a) *任一紧流形 (允许有边界) 为可三角剖分.*

b) *任一有限胞腔空间伦等价于一个多面体.*

这个定理的证明实在太长了 (部分 b) 的证明更不简单), 这里略去.

对任一单纯多面体我们可以联系一下链复形, 称为单纯复形, 其定义如下. k 维链群 C_k 定义为一个自由 Abel 群, 其形式上的生成元是多面体中具有任意指定定向的 k 维单形. 改变定向即得反号生成元. 边界运算 $\partial_k: C_k \to C_{k-1}$ 定义如下. k 维单形的定向诱导其 $k-1$ 维面的定向: 一个面的定向应这样选择, 加上一个能指出单形定向的向量作为第一向量, 结果我们得到原始单形的定向. 定向 k 维单形的边界是其所有 $k+1$ 个已取诱导定向的 $k-1$ 维面的和. 例如, $\mathbb{R}^{k+1}$ 中标准 k-单形 (已取明显定向) 的边界是 $\sum_{i=0}^{k}(-1)^i\Delta_i$, 其中 Δ_i 是顶点为 $e_0, e_1, \cdots, e_{i-1}, e_{i+1}, \cdots, e_k$ 的单形, 其时原始单形已取顶点的自然排序.

用线性办法可将映射 ∂ 扩张到单形的线性组合.

问题 证明 $\partial \circ \partial = 0$.

提示: 同时出现在两个 $k-1$ 维单形的边界中的任何一个 $k-2$ 维单形具有相反的定向.

同调群的直观意义 多面体 K 的 i 维同调群是商群 $\ker\partial_i/\operatorname{im}\partial_{i+1}$. 与多面体相联系的复形的 i 维循环的群 $\ker\partial_i$ 由边界为零的线性组合构成, 就是说, 每一 $i-1$ 维循环出现在任一具有零系数循环的边界中.

群 $\operatorname{im}\partial_i$ 由边界链组成, 因此两个 i 维链当且仅当它们之差等于某 $i+1$ 维链的边界时等价. 在这种情况下我们称这两个链为同调. 因此同调群由两两同调的、具有零边界的链的类组成.

同调群计算之例 线段 $I=[0,1]$ 可表示成一个一维单形 a 及两个零维单形 α, β 组成的单纯多面体. 因此 $C_1=\mathbb{Z}$ (以 a 为生成元), $C_0=\mathbb{Z}^2$ (生成元为 α,β). 我们有 $\partial(a)=\beta-\alpha$, 从而 $H_1=0, H_0=\mathbb{Z}$.

任一 k 维单形是一个含有 $\binom{k+1}{i+1}$ 个 i 维面的单纯多面体.

练习 证明任意维数单形的同调群对正维数为零, 对零维数为 $\mathbb{Z}$.

为计算 2-球面的同调群, 可将球面表示成一个三维单形的二维面之并. 令 $\alpha, \beta, \gamma, \delta$ 为单形的顶点, 令 a 为顶点 α 的对顶面, 等等, 并令 $\alpha\beta$ 为联结顶点 α, β 的棱, 等等. 那么对 2-面的某定向选择有

$$\partial(\alpha\beta) = \beta - \alpha,$$

$$\partial(a) = (\gamma\delta) + (\delta\beta) + (\beta\gamma).$$

进一步计算留给读者.

定理 对任一多面体, 群 H_0 为一自由 Abel 群, 其秩等于此多面体连通分支的个数.

证明 多面体的每一个连通分支可以分开来处理, 故只需证明对每一连通分支有结论 $H_0 \cong \mathbb{Z}$ 就可以了. 群 C_0 由给定连通分支的顶点生成. 棱 $\alpha\beta$ 在映射 ∂ 下的像等于 $\pm(\alpha - \beta)$, 因此 C_0 中的等价关系相当于 $\alpha = \beta$. 在群 $\mathbb{Z}^M$ 中, 此处 M 为顶点个数, 考察由方程 $x_1 + \cdots + x_M = 0$ 给出的 "平面" L. 所有等价关系都属于此平面, 且生成此平面 (对给定的连通分支), 这是因为任两顶点可以用一列一维单形联结起来. 因此有 $H_0 = \mathbb{Z}^M/L \cong \mathbb{Z}$. □

连通图的同调 设有一 V 个顶点、E 条棱的连通图. 其 Euler 示性数等于 $V - E$. 另一方面, Euler 示性数又等于 $b_0 - b_1$, 其中 b_0, b_1 为 Betti 数. 依上面定理, $b_0 = 1$, 从而 $b_1 = 1 + E - V$.

二维环面的同调计算

环面可以通过黏合正方形两对对边而成. 将此正方形分割成甚小的正方形, 并将每一小正方形用对角线分成两个小三角形. 结果我们得到环面的一个三角剖分. 二维环面仅可能有 0, 1, 2 维非平凡的同调群, 且 $H_0 = \mathbb{Z}$. 事实上环面的 1-骨架为一连通图, 而环面的零维同调与此图的同调相同, 这是因为仅 C_0 与 C_1 参加了 H_0 的定义. 现在我们计算 H_2. 显然 $H_2 = \ker \partial_2$ (因 $\operatorname{im} \partial_3 = 0$). 让我们来描述此核的元. 设一个三角形位于此核中一个元中, 具有系数 α. 那么所有进入此元的相邻三角形均应带有系数 $\pm\alpha$ (依赖其定向). 事实上为要消去 $\alpha\partial\Delta_1$, 我们必须在边界加上所有具有系数 $\pm\alpha$ 的相邻三角形. 取一个连接这两个给定三角形的三角形链, 其中任两个相邻的三角形有一条公共边, 则我们即可断定第一个三角形所带

的系数 $\alpha \in \mathbb{Z}$ 将唯一确定所有其他三角形的系数. 因此, 群 $\ker \partial_2$ 不可能比所有 α 的可能值的集 (即 $\mathbb{Z}$) 大. 我们应该知道为什么此时不会出现矛盾 (即三角形的定向的不协调性). 例如, 在一非定向曲面上我们可以取一个非定向的三角形的链, 则断定一个具有系数 α 的三角形必定也有系数 $-\alpha$. 但在一可定向流形上我们可以选择所有最高维单形的协调定向, 并取和 $\sum \alpha\Delta$ 作为此核的一个元. 因此环面的群 H_2 等于 $\mathbb{Z}$.

最困难的事是计算一维同调群. 让我们先关注一维循环的一些例子. 一维循环的标准例子是一个闭多边形的边线. 任何一维循环是这样的闭多边形边线的线性组合. 那么三角形的边界提供了同调于零的一维循环的例子.

在那个用来黏合环面的正方形内, 我们考察一条平行于正方形的边的线段 (其端点位于正方形的边上). 环面上对应于此线段的环不可能是三角形的边界的线性组合. 事实上考虑此线段在正方形平行边界上的投射 (说得更精确些, 是在环面上相应圆的投射). 对此投射可以定义度的概念 (对任何别的循环的投射也如此). 度的定义可用和第八章一样的文字定义, 虽然我们的循环并非光滑流形. (在当前情形下, 临界点集包括了多边形边线的断点.) 容易看出此度具有可加性: 两个循环和的投射的度是每一循环的度的和.

线段的投射的度等于 1. 但对一个三角形的边界此度为零, 所以三角形边界的任何线性组合的度也是零. 同理可以证明平行于正方形另一边的线段也不是三角形边界的线性组合. 而这两个循环定义了群 H_1 中线性无关的元.

环面的 Euler 示性数等于零, 因此我们必须有 $H_1 = \mathbb{Z} \oplus \mathbb{Z} \oplus \mathrm{Tors}$, 而上面描述的循环的类可以取成自由生成元. 现在我们只剩下一件事需要证明, 即 $\mathrm{Tors} = 0$. 为此我们需要一个新概念.

以 Abel 群 G 为系数的同调群 这样的群可以与系数在 $\mathbb{Z}$ 中同调群一样定义. 但此时 C_i 是一自由 G 模, 即一个直和 $\oplus G$, 其项数等于 i 维单形的个数. 边界算子 ∂_i 与情形 $G = \mathbb{Z}$ 完全一样. 系数为 G 的 i 维同调群记为 $H_i(K, G)$, 如果群 G 未明确写出, 则 $H_i(K)$ 即表示系数在 $\mathbb{Z}$ 中的同调群. 群 $H_i(K, \mathbb{Z}_2)$ 的计算很容易, 因为计算时可以不必关心循环的定向, 这是因为元素 x 与 $-x$ 在 $\mathbb{Z}_2$ 中是一样的.

让我们比较一下系数在不同群中的复形的同调. 若 $G = G_1 \oplus G_2$, 则

$$H_i(K, G) = H_i(K, G_1) \oplus H_i(K, G_2).$$

因此为计算任意有限生成 Aelb 群 G 的群 $H_i(K, G)$, 只要计算群 $H_i(K, \mathbb{Z})$ 以及对所有 p, k 的群 $H_i(K, \mathbb{Z}_{p^k})$ 即可.

例 对于 (抽象) 复形

$$0 \to \mathbb{Z} \xrightarrow{\times q} \mathbb{Z} \to 0,$$

($\mathbb{Z}$ 上的) 同调群为 0 及 $\mathbb{Z}_q$. 用群 $\mathbb{Z}_p$ 代替群 $\mathbb{Z}$, 我们得复形

$$0 \to \mathbb{Z}_p \xrightarrow{\times q} \mathbb{Z}_p \to 0.$$

当 p 与 q 互素时, 此复形为无循环 (即所有同调群为 0); 若 $p = q$, 则此复形的同调群为 $\mathbb{Z}_q$ 与 $\mathbb{Z}_q$: 即原有复形的同调群 $\mathbb{Z}_q$ 的 "倍化".

对一任意的单纯复形, 当系数 $\mathbb{Z}$ 变为 $\mathbb{Z}_p$ 时, 我们必须替代所有群 $C_i = \mathbb{Z}^{\alpha_i}$ 为 $(\mathbb{Z}_p)^{\alpha_i}$, 其中因子 $\mathbb{Z}_p$ 与定向 (如 $p \neq 2$) 单形一一对应如前. 原有单形的微分由整矩阵给出. 将矩阵的元转化成模 p 的元, 我们就能得到 $\mathbb{Z}_p$ 上复形微分的矩阵.

定理 (代数定理) 若在由自由 Abel 群 C_i 构成的复形

$$C \equiv \cdots \to C_i \to C_{i-1} \to C_{i-2} \to \cdots$$

中替代所有因子 $\mathbb{Z}$ 为因子 $\mathbb{Z}_p$ (其中 p 为素数)①, 则此复形的同调群将为

$$H_i(C \otimes \mathbb{Z}_p) = (\mathbb{Z}_p)^{m_i},$$

其中 $m_i = b_i + t_i(p) + t_{i-1}(p)$, 而 $t_i(p)$ 是 $H_i(C)$ 中形为 $\mathbb{Z}_{p^r}$ 的因子 (对所有正整数 r) 的个数.

此定理的证明可按上面的例子略加修正得出.

现在我们来完成群 $H_1(T^2)$ 的计算.

① 在代数学里这个运算称为 "复形 C 关于 $\mathbb{Z}_p$ 的张量乘法", 结果记为 $C \otimes \mathbb{Z}_p$; 在拓扑学里此运算称为 "模 p 约化".

假设群 $H_1(T^2,\mathbb{Z})$ 有非平凡挠子群, 即有形为 $\mathbb{Z}_{p^k}$ 的加项. 那么此定理推出 $H_2(T^2,\mathbb{Z}_p)$ 至少包含两个加项 $\mathbb{Z}_p$. 但如我们之前已仔细证明过的, $H_2(T^2,\mathbb{Z}_p)\cong\mathbb{Z}_p$. 因此群 $H_1(T^2,\mathbb{Z})$ 没有挠子群.

作为副产品我们已经证明了下面结论.

定理 对任一紧连通 n 维无边界流形 M^n, 依流形是否定向, 我们有 $H_n(M^n,\mathbb{Z})\cong\mathbb{Z}$ 或 0.

当 $p\neq 2$ 时, 对同调群 $H_n(M^n,\mathbb{Z}_p)$ (p 为素数), 答案是相同的 (但用 $\mathbb{Z}_p$ 替代 $\mathbb{Z}$), 而对于 $p=2$, 对定向与非定向流形同调群均为 $\mathbb{Z}_2$.

迄今为止, 我们只对有固定三角剖分的流形定义了同调群. 下面我们将指出同调实际上并不依赖于三角剖分.

9.3 复形的映射

定义 复形的同态是一个交换图

$$\begin{array}{ccccccc}\to C_i & \to & C_{i-1} & \to & C_{i-2} & \to \\ \downarrow & & \downarrow & & \downarrow & \\ \to C'_i & \to & C'_{i-1} & \to & C'_{i-2} & \to\end{array}$$

其中上下两列是两个链复形, 垂直映射为群同态.

命题 复形的同态确定同调群之间的同态.

事实上, 设一个元 $\alpha\in C_i$ 映至 $f(\alpha)\in C'_i$. 若 $\partial\alpha=0$, 则有 $\partial f(\alpha)=0$, 即将一个循环映至循环. 此外若 $\alpha-\beta=\partial_{i+1}(\gamma)$, 则 $f(\alpha)-f(\beta)=\partial'_{i+1}(f(\gamma))$, 即同调 (商) 群映射定义明确.

我们前面已研究过复形的一个重要同态. 事实上, 若 $C=\{C_i,\partial_i\}$ 为一由自由 Abel 群构成的复形, 则对任一整数 q, 模 q 的约化同态可将此复形映至已定义的 $C\otimes\mathbb{Z}_q$.

这里有一个不失其重要性的例.

考察一个单纯多面体 K. 所谓细分是一个单纯多面体 K', 使 K' 的任一单形含于 K 的一单形中, 而 K 的任一 i 维单形是 K' 的有限个 i 维单形的并. 此时出现一个对应于单纯链复形的同态 $C\to C'$, 即大单形映至组成它的小单形 (带上定向) 的和.

定理 此同态诱导同调群的一个同构.

我们现在不打算证明这个结论. 以后 (在证明同调群与三角剖分无关时) 它将变得十分清楚.

现在我们要讨论更抽象的对象, 即奇同调群.

9.4 奇 同 调

令 X 为一拓扑空间. 一个 X 的 i 维奇单形是一个连续映射 $\varphi: \Delta^i \to X$, 其中 Δ^i 为一标准 i-单形. 群 $C_i(X)$ 定义为由 i 维奇单形自由生成的 Abel 群, 即此群由奇单形的整系数有限线性组合构成. 这样的线性组合称为 i 维奇链. 边界同态由下法定义. 令 Ξ_k 为标准单形 $\Delta^{i-1} \subset \mathbb{R}^i$ 至标准单形 $\Delta^i \subset \mathbb{R}^{i+1}$ 的第 k 个面 $\{x_k = 0\}$ 的线性映射, 它将顶点 $e_0, \cdots, e_{i-1}$ 映成顶点 $e_0, \cdots, e_{k-1}, e_{k+1}, \cdots, e_i$, 则有

$$\partial\varphi = \sum_{k=0}^{i} (-1)^k \varphi \circ \Xi_k.$$

容易证明有 $\partial \circ \partial = 0$.

若 X 是个可三角剖分的拓扑空间, 即 X 为一个单纯多面体 K 的承载子, 则我们得到一个同态 $C_i(K) \to C_i(X)$.

根据我们下面要证明的不变性的主要定理, 可推出此同态诱导一个同调群的同构.

设 X, Y 为拓扑空间, 且已给一连续映射 $f: X \to Y$, 则得一个复形的同态 $f_*: C(X) \to C(Y)$. 即此同态给奇单形 ϕ 联系上单形 $f \circ \phi$. 映射 f_* 诱导奇同调群的一个同态.

定理 令 f 与 g 为两个从 X 到 Y 的同伦的连续映射, 则从 $H_*(X)$ 到 $H_*(Y)$ 的诱导映射 f_* 与 g_* 相同.

换言之对复形 $C(X)$ 的任一循环 z, 循环 fz 与循环 gz 同调.

此结论的证明可看作下述抽象概念的第一个例子.

定义 设已给两个抽象链复形 C, C', 以及从 C 到 C' 的一对同态 f, g. 一个 f 与 g 间的链同伦是一个由 C 到 C' 的 $+1$ 度同

态 D (即对任一 $i, D: C_i \mapsto C'_{i+1}$), 具有下面性质: 对所有 i,

$$D_{i+1}\partial_i + \partial'_{i+1}D_i = g - f. \qquad (*)$$

例 设一奇单形 $\phi: \Delta^i \to X$ 以及两映射 $f, g: X \to Y$ 间的同伦 $F: X \times I \to Y$ 已给定. 那么我们可以作一个棱锥 $\Delta^i \times I$ 到 Y 的映射: 将点 $(x, t) \in \Delta^i \times I$ 变成 $F(\phi(x), t)$. 将棱锥 $\Delta^i \times I$ 用下法分割成 $i+1$ 个 $i+1$ 维单形. 单形 Δ^i 的一个点有坐标 $(t_0, \cdots, t_i)$ 使

$$\sum t_k = 1,\ t_k \geqslant 0.$$

令 λ 为线段上 $I = [0,1]$ 的坐标. 那么此棱锥分割的第 k 个单形 $(k = 0, \ldots, i)$ 由使下式成立的点 $(t_0, \cdots, t_i, \lambda)$ 组成:

$$t_0 + \cdots + t_k \leqslant \lambda \leqslant t_0 + \cdots + t_{k+1}.$$

此单形可以用棱锥的自然定向诱导出一个定向, 且这种定向具有一致性. 限制我们的映射 $\Lambda \times I \to Y$ 到这些单形并相加, 我们就得到一个 Y 中 $i+1$ 维单形. 此链的边界由棱锥底上的映射 f, g 以及棱锥分割当中位于侧面上的某些映射组成.

对于一个 i 维奇循环 $\sum_{\alpha=1}^{N} \phi_\alpha, \phi_\alpha: \Delta^i \to X$ 的情形 (即一个零边界的链), 此链由棱锥的两两相消的侧面上的映射确定, 结果得到 $i+1$ 维链 (由 $N(i+1)$ 个单形组成), 它提供 f 与 g 间的一个同调 (即其边界为 $g - f$).

方程 $(*)$ 是迄今为止讨论的第一个代数化对象. 映射 D 对单形 Δ^i 到 X 的映射 ϕ 联系上由棱锥 $\Delta^i \times I$ 的三角剖分的映射所给出的 Y 中的 $i+1$ 维链.

在这种抽象情况下, 两个允许有链同伦的映射常常确定同调的同一个同态. 事实上, 若 α 为一循环, 则由 $\partial_i(\alpha) = 0$ 可知

$$g(\alpha) - f(\alpha) = D_{i+1}\partial_i(\alpha) + \partial'_{i+1}D_i(\alpha)$$

为一边缘.

上述定理蕴涵所有维数的伦等价空间的同调群均为同构. 事实上, 若 $fg \sim \mathrm{id}, gf \sim \mathrm{id}$, 则同调中的诱导映射 f_*g_*, g_*f_* 为恒同, 因此两个同态 f_*, g_* 为同构.

第十章　奇同调群的主要性质及其计算

同伦群不易计算. 例如并非所有群 $\pi_i(S^n)$ 都已经算出. 另一方面, 如我们将看到的, 定义比较复杂的同调群却是容易计算的.

同调群的计算不是立足于定义, 而是立足于这些群的性质, 即从定义导出的所谓同调论公理. 只有最简情形通过直接计算可以提供答案. 例如我们来计算一点的同调.

10.1　单点的同调

我们来证明, 对 $i=0$ 有 $H_i(*)=\mathbb{Z}$, 对 $i>0$ 有 $H_i(*)=0$. 事实上, 由于正好只有一个映射 $\Delta^i \to *$, 故 $C_i=\mathbb{Z}$. 令 α_i 为群 C_i 的标准生成元, 则

$$\partial\alpha_i=\sum_{k=0}^{i}(-1)^k\alpha_{i-1}=\begin{cases}\alpha_{i-1}, & i\ \text{是偶数},\\ 0, & i\ \text{是奇数}.\end{cases}$$

因此点的同调群除维数为零外, 均为平凡.

所有可缩空间的同调群均与点的同调群相同.

10.2 拓扑空间偶的正合列

让我们开始定义拓扑空间偶 $A \subset X$ 的相对同调. 我们已有一明显的包含关系 $C_i(A) \subset C_i(X)$. 令 $C_i(X,A) = C_i(X)/C_i(A)$. 可以容易证明我们仍然得到一个链复形. 对此要定义商群 $C_i(X)/C_i(A)$ 中一个元的微分, 取代表此元的任一链 $\alpha \in C_i(X)$ (即属于相应陪集的链) 并考察商群 $C_{i-1}(X)/C_{i-1}(A)$ 中其边界的陪集. 由于 A 中一单形的边界也含于 A 中, 故此概念已被明确定义.

因此得三个复形:

$$\begin{array}{ccccc}
\longrightarrow & C_i(A) & \longrightarrow & C_{i-1}(A) & \longrightarrow \\
 & \downarrow & & \downarrow & \\
\longrightarrow & C_i(X) & \longrightarrow & C_{i-1}(X) & \longrightarrow \\
 & \downarrow & & \downarrow & \\
\longrightarrow & C_i(X,A) & \longrightarrow & C_{i-1}(X,A) & \longrightarrow
\end{array}$$

这里对每一个 i, 垂直列

$$C_i(A) \to C_i(X) \to C_i(X,A)$$

构成一个短正合列, 即它可以扩张成一个正合列

$$0 \to C_i(A) \to C_i(X) \to C_i(X,A) \to 0.$$

定义 偶 (X,A) 的相对同调群即商复形 $C_i(X,A)$ 的同调群, 记此群为 $H_i(X,A)$.

对比相对同调群, 称群 $H_i(X)$ 与群 $H_i(A)$ 为绝对同调群.

定理 我们有一无限正合列

$$\begin{aligned}\cdots \to H_i(A) \to H_i(X) \to H_i(X,A) \to H_{i-1}(A) \to \cdots \\ \to H_0(A) \to H_0(X).\end{aligned}$$

所有形为 $H_i(A) \to H_i(X), H_i(X) \to H_i(X,A)$ 的映射可用显然方式定义; 事实上复形的同态确定了同调群的同态.

注意复形的包含映射可能导致同调群的非单同态: 不同调于零的循环的像可能同调于零.

余下要定义的是边界算子 $H_i(X,A) \to H_{i-1}(A)$. 作法如下. $C_i(X,A)$ 中的一个循环是 X 中的一个链 (视为 A 中的链), 具有含于 A 中的边界. 定义边界算子的办法是将每一这样的循环映至其边界的同调类.

于是这样列的正合性便是下面代数结论的特例.

命题 任一复形的短正合列

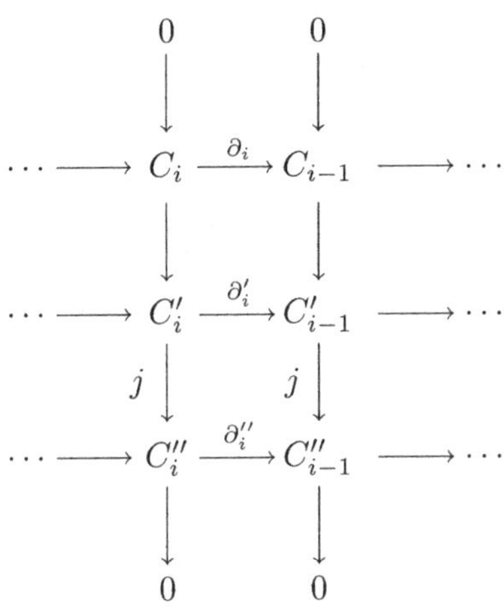

诱导这些复形同调群的一个长正合列

$$\cdots \to H_i(C) \to H_i(C') \to H_i(C'') \to H_{i-1}(C) \to \cdots \\ \to H_0(C) \to H_0(C').$$

事实上, 取 $\alpha_i'' \in \ker \partial_i''$. 垂直列的正合性推出对某 $\alpha_i' \in C_i'$ 有 $\alpha_i'' = j(\alpha_i')$, 且有一元 $\alpha_{i-1} \in C_{i-1}$ 成为 $\partial_i'(\alpha_i')$ 的原像. 此元为复形 C 的一个循环, 而且它在群 $H_{i-1}(C)$ 中的类是 α_i'' 在所说的从 $H_i(C'')$ 到 $H_{i-1}(C)$ 的映射下的像. 我们留给读者去证明下面事实: 此像为明确定义, 且这样得到的长列为正合的.

前面所说的定理即可从此命题推出.

下面是这个抽象命题的又一个应用.

考察系数群的短正合列

$$0 \to G \to G' \to G'' \to 0,$$

例如列

$$0 \to \mathbb{Z} \xrightarrow{\times p} \mathbb{Z} \to \mathbb{Z}_p \to 0.$$

与此短正合列相关的便是一个同调群的长正合列. 这个长正合列中的边界同态 $H_i(X, G'') \to H_{i-1}(X, G)$ 称为 *Bockstein* 同态.

理解这个同态如何连接群 $H_i(X, \mathbb{Z}), H_{i-1}(X, \mathbb{Z})$ 与群 $H_i(X, \mathbb{Z}_p)$ 是有好处的.

更一般地, 用这种方法对任一复形的短正合列 $0 \to C \to C' \to C'' \to 0$ 所联系上的任何同态 $H_i(C'') \to H_{i-1}(C)$, 都可称为 Bockstein 同态.

与相对同伦群相比较, 一个足够好的空间的相对同调群可以约化为绝对同调群.

定理 令 (X, A) 为一胞腔偶 (或更一般地, 一个 Borsuk 偶), 则有

$$H_i(X, A) \cong H_i(X/A, \{A\}),$$

其中$\{A\}$ 为 X/A 中对应于集 A 的点.

专家们使用群 $H_i(X, *)$ ($*$ 为一点) 更多于群 $H_i(X)$. 对 $i > 0$ 群 $H_i(X, *)$ 与群 $H_i(X)$ 同构. 对零维情形我们有 $H_0(X) = \mathbb{Z}^d$ 以及 $H_0(X, *) = \mathbb{Z}^{d-1}$, 其中 d 是 X 的连通分支的个数. 群 $H_i(X, *)$ 称为约化同调群. 对于正的 i, 寻常同调群与约化同调群之间的同构可从偶 $(X, *)$ 的正合列得出. 事实上, 此序列中每第三个同调群均为零, 因此零之间的两个群同构.

这个定理使我们能从绝对同调群计算相对同调群.

在证明定理之前我们注意相对同调群也是同伦不变量. 就是说如果两个偶 (X, A) 和 (X', A') 为伦等价, 则除前已建立的同构 $H_*(X) \cong H_*(X')$ 和 $H_*(A) \cong H_*(A')$ 外, 还有一个同构 $H_*(X, A) \cong H_*(X', A')$. 这件事或可直接证明, 或可用五群引理.

另一方面, 对一个 Borsuk 偶 (X, A), 偶 $(X \cup CA, CA)$ (这里 CA 表示 A 上的锥, 即 $CA = A \times [0, 1]/A \times \{1\}$) 与 $(X/A, \{A\})$ 伦

等价. 因此只要证明

$$H_i(X, A) \cong H_i(X \cup CA, CA)$$

即可.

为证明这个结论, 我们将用下面的结果.

命题 对拓扑空间 X 的一个有限开覆盖 $\{U_\alpha\}$, 考察链复形 $C(X^{\{U_\alpha\}})$, 它由所有这样的奇链组成, 此链的每一单形含于域 $\{U_\alpha\}$ 之一内. 那么嵌入

$$C(X^{\{U_\alpha\}}) \to C(X)$$

诱导一个同调群的同构.

让我们描述一下逆映射. 这是个使用加细单形的作法, 即使用重心细分. 重心细分用归纳法进行. 一维单形 (线段) 分成两个相等的线段. 二维单形 (三角形) 用中线分成六个小三角形. 如果一个单形 Δ^i 所有面的重心细分已经作出, 则我们就有了单形的整个边界的细分, 取此单形的中心, 再加上所有以此单形 Δ^i 的中心为顶点的单形的细分, 以及由某些面的重心细分得到的单形的顶点.

重心细分以标准方式将 i 维大单形与所有由原始映射限制得到的 $(i+1)!$ 个 i 维小单形映射的和相联系. 这是一个链的加细操作. 此操作确定一个复形的同态 (由于包含在大单形中的小单形面的两两相消). 反复运用这种加细操作, 我们最后得到一个单形, 使其像含于集 $\{U_\alpha\}$ 之一中.

引理 任一奇 i- 循环 (即边界为零的奇 i- 链) 同调于它的重心细分 (从而也是一个循环).

我们不打算详细证明这个引理, 只对 $i = 1, 2$ 特例说明为什么它成立. 对 $i = 1$ 的情形更强的事实也成立: 任一奇线段 $\varphi : \Delta^1 \to X$ 与它的细分的差必同调于零. 事实上, 考虑标准 2- 单形到它棱上的投射 $p : \Delta^2 \to \Delta^1$, 则奇 2- 单形 $\varphi \circ p$ 提供了 φ 与 φ 到 Δ^1 的两半上的限制的和之间的同调. 对 $i > 1$ 这不再成立, 一个特别的奇 i-单形与它的细分的差通常也不是个循环. 例如对 $i = 2$, 这样的 2- 单形的边界由三个奇 1- 单形组成, 而其细分的边界由 18 个这种单形组成, 其中 12 个消去, 6 个留存. 相反, 一个奇 2- 单形 $\varphi : \Delta^2 \to X$

与三个奇 2- 单形 (它们由 φ 在三个三角形 ABO, BCO 与 CAO 上的限制所定义, 这三个三角形每一个均由 $\Delta^2 = \triangle ABC$ 的两个顶点与它的中心 O 生成) 的和之差等于一个奇 3- 循环: 可以如前用同法证明这一点. 余下的是要去建立这些 2- 单形的和 (对我们的 2- 循环而言, 对每一原始 2- 单形它们共有三个) 与由重心细分得到的那些单形 (对任何原有单形而言它们共有六个) 的和之间的同调. 为此定义映射 $p' : \Delta^3 \to \Delta^2$ 是标准单形到它的面上的投射, 它将 Δ^3 的相对顶点变为此面的一边的中心. 对三个三角形的任一个, 例如 ABO, 考虑映射 p' 与将 Δ^2 的所选的边变为 $[AB]$ (且将此边的中点变到的 $[AB]$ 中点 C_1) 的线性同胚 $\Delta^2 \to \Delta ABO$ 的合成. 将这个合成映射与 φ 在 ΔABO 中的限制合成起来, 我们就得到一个奇 3- 单形, 它的边界由四个 2- 单形组成. 其中三个由 φ 在三角形 ABO, AC_1O, C_1BO 上的限制定义. 若第四个单形不存在, 则这个 3- 单形即定义了所要的同调; 第四个面是一个 2- 单形, 它定义了奇 1- 链 $\varphi_{[AB]}$ 与 $\varphi_{[AC_1]} + \varphi_{[C_1B]}$ 间的同调. 现在, 记住是 φ 一个 2- 循环的加项, 故它的由 $\varphi_{[AB]}$ 定义的边界加项将为出现在另一奇单形中的、且也参加我们的 2- 循环的同类分支所消去. 因此在所有同类的、视为所有 2- 单形而出现的 "第四面" 将两两消去, 我们也就得到所要的同调.

现在让我们推出定理.

考察 $X \cup CA$ 的由下面两个集组成的覆盖: $CA \backslash A$ 与 $X \cup \{A \times [0, 1/2)\}$. 取 $B = A \times [0, 1/2)$. 那么一方面由前面命题得出

$$H_i(X \cup CA, CA) \cong H_i(X \cup B, B),$$

因为所有链均视为模 CA 与 B. 另一方面偶 $(X \cup B, B)$ 伦等价于偶 (X, A), 定理得证.

作为一个例子, 我们计算圆 $S^1 = [0,1]/\{0,1\}$ 的同调群. 对 $i > 1$, 序列

$$\cdots \to H_i(I) \to H_i(I, \partial I) \to H_{i-1}(\partial I) \to \cdots$$

中首末两个群均为零, 因此中间项也为零. 对 $i = 1$ 我们得到正合列

$$0 \to H_1(S^1) \to \mathbb{Z}^2 \xrightarrow{f} \mathbb{Z} \to 0.$$

此处 f 为一满同态, 且 $\ker f = \mathbb{Z}$, 因此有 $H_1(S^1) = \mathbb{Z}$.

10.3 三元组的正合列

三元组 $X \supset Y \supset Z$ 的正合列是偶的正合列的直接推广. 其形为

$$\cdots \to H_i(Y,Z) \to H_i(X,Z) \to H_i(X,Y) \to H_{i-1}(Y,Z) \to \cdots .$$

此正合列由相应的复形短正合列得到: 即与 Abel 群三元组 $G \supset H \supset K$ 相联系的短正合列

$$0 \to H/K \to G/K \to G/H \to 0.$$

在现在情形我们完全地得出复形三元组 $C_i(Y,Z), C_i(X,Z), C_i(X,Y)$ 的正合列. 当 $Z = \varnothing$ 时它与偶的正合列一致. 若 $Z = * \in Y$, 则我们几乎得到一样的正合列; 所差者只在 0 维与一维.

10.4 纬垂的同调

在拓扑学里用到两种相近的作法, 即约化纬垂与非约化纬垂. 两者均用同一记号. 非约化纬垂常用于无基点空间, 约化纬垂则用于所谓 “去孔范畴” 的讨论 (也可作研究带有基点空间之用).

第一章定义的空间 A 的非约化纬垂是商空间

$$\Sigma A = (A \times [0,1]/A \times \{0\})/(A \times \{1\}).$$

所以, 我们有两个从上边界与下边界到分开点的独立分解式; 自然, 这些压缩映射可以用任意次序进行形变.

约化纬垂 (在去孔范畴中) 为空间

$$\Sigma A = A \times [0,1]/(A \times \{0\} \cup A \times \{1\} \cup \{*\} \times [0,1])$$

对于所有合理的拓扑空间, 例如, 对所有胞腔复形, 两个定义给出伦等价空间.

我们记约化同调群 $H_i(X,*)$ 为 $\tilde{H}_i(X)$. (我们记得, 约化同调群与寻常同调群不同处仅在零维情形, 两者相差一个加项 $\mathbb{Z}$.)

命题　$\tilde{H}_i(\Sigma A) = \tilde{H}_{i-1}(A)$.

证明　我们从商空间

$$A \times [0,1]/(A \times \{1\})$$

开始. 它与 CA 一致, 因此, 特别地, 它为可缩. 考虑偶 (CA, A) 的正合列, 其中 $A = A \times \{0\}$:

$$\cdots \to H_i(CA) \to H_i(CA, A) \to H_{i-1}(A) \to H_{i-1}(CA) \to \cdots.$$

对 $i > 0$ 我们有 $H_i(CA) = 0$. 因此得同构

$$H_i(CA, A) \cong \tilde{H}_{i-1}(A).$$

此外有 $H_i(CA, A) = \tilde{H}_i(CA/A) = \tilde{H}_i(\Sigma A)$. □

推论　因 $S^k = \Sigma S^{k-1}$, 故得对于 $i \neq 0, k$, $H_i(S^k) = 0$, 且 $H_k(S^k) \cong \mathbb{Z}$.

10.5　Mayer-Vietoris 列

命题　取两个相交的胞腔空间 X, Y, 设其交集也为胞腔空间. 那么我们有正合列

$$\cdots \to H_i(X) \oplus H_i(Y) \xrightarrow{(1)} H_i(X \cup Y) \xrightarrow{(2)} H_{i-1}(X \cap Y) \xrightarrow{(3)} H_{i-1}(X) \oplus H_{i-1}(Y) \to \cdots$$

(称为 *Mayer-Vietories* 列).

同态 (1), (3) 及 (2) 定义如下.

(1) 令 α, β 为 X 及 Y 的同调类. X 与 Y 在 $X \cup Y$ 中的恒等嵌入将它们分别变为某类 α', β'. 同态 (1) 即取含 $\alpha' + \beta'$ 的类为 $\alpha \oplus \beta$.

(3) 我们将 $X \cap Y$ 的循环恒等地从嵌入 X, 也恒等地嵌入 Y 但乘以符号 -1.

同态 (2) 最难描述. 在偶 $(X \cup Y, Y)$ 的正合列中我们有同态

$$\begin{aligned} H_i(X \cup Y) \to H_i(X \cup Y, Y) &= \tilde{H}_i(X \cup Y/Y) \\ &= \tilde{H}_i(X/X \cap Y) = H_i(X, X \cap Y). \end{aligned}$$

在偶 $(X, X\cap Y)$ 的正合列中我们又有边界同态

$$H_i(X, X\cap Y) \to H_{i-1}(X\cap Y).$$

这两个同态的合成便是我们所要的同态.

对于上述同态列的正合性可以用偶的正合列来证明. 但是, 一个更有内涵的证明用到了计算同调群最有效的工具 —— "单纯解法" 的最简版本. "单纯解法" 是有限集组合内外公式的翻版. 考虑一个相交集的组. 第一步我们将之视为不交集. 每一集允许有一到原有集的并的投射. 将两个投射到并集同一点处的不同集的每一对点, 用一线段联结起来. 而后取以同一点为像的点偶, 用任意三条联结线段生成三角形. 而后取四个相交集的所有点生成 3- 单形, 等等. 这样得到的拓扑空间伦等价于原空间. 特别地, 此两空间有相同的 Euler 示性数. 对有限集此种做法导致内外公式. 在拓扑空间的情形, 我们得到已被表示成并集的原拓扑空间的*单纯解法*.

对 Mayer-Vietoris 列我们需要单纯解法的最简版本, 即对 $X\cup Y$ 的情形. 若两空间 X, Y 为 "有限维", 则上述作法可以有如下实现. 将每一空间 X, Y 分开地嵌入一个维数非常大的空间 $\mathbb{R}^N$. 对任一点 $z\in X\cap Y$, 用它们确定的线段联结 X 与 Y 的像中的相应点. 若 N 相当大, 且嵌入为 "一般位置", 则这些线段在它们的内点互不相交, 也不相交于集 X 与集 Y 的 "无关" 点. 所要的单纯解法便是简单的 X, Y 的并以及所有这些线段的并 (赋有来自 $\mathbb{R}^N$ 的拓扑).

对于任意的通常不可嵌入 Euclid 空间的空间, 可用下面的单纯解法的形式定义. 在空间 $(X\cup Y)\times[0,1]$ 中取子空间 $X\times\{0\}, Y\times\{1\}$ 与 $(X\cap Y)\times[0,1]$ 的并.

这就是关于 $X\cup Y$ 精确的单纯解法. 若 $X\cup Y$ 为一 CW 复形, 以 X, Y 及 $X\cap Y$ 为其子复形, 则 Borsuk 引理即给出此解式. 显然它伦等价于原始空间 $X\cup Y$. 以 $X\uplus Y$ 记单纯解式. 那么偶 $(X\uplus Y, X\times\{0\}\cup Y\times\{1\})$ 的正合列有形式

$$H_i(X)\oplus H_i(Y)\to H_i(X\uplus Y)\to H_i(X\uplus Y, \hat{X}\cup\hat{Y}),$$

其中 $\hat{X}=X\times\{0\}, \hat{Y}=Y\times\{1\}$. 商空间 $X\uplus Y/(\hat{X}\cup\hat{Y})$ 同胚于 $X\cap Y$ 上以点偶为模的纬垂, 即空间 $((X\cap Y)\times[0,1])/((X\cap Y)\times\{0,1\})$,

因此有

$$H_i(X \uplus Y, (\hat{X} \cup \hat{Y})) \cong H_{i-1}(X \cap Y).$$

故上述偶的正合列便是所要的 Mayer-Vietoris 列.

10.6 楔形的同调

取具有基点 $x_i \in X_i$ 的不交空间 X_i. 空间 X_i 的楔积 (简称楔) 即为商空间

$$\bigvee_i (X_i, x_i) = \left(\bigcup_i X_i\right) / (x_1 \cup x_2 \cup \cdots \cup x_k).$$

例如图形 ∞ 便是两圆的楔.

下面公式给出一个楔的约化同调群:

$$\tilde{H}_k\left(\bigvee_i X_i\right) = \bigoplus_i \tilde{H}_k(X_i).$$

此公式可用归纳法并依次写出如下偶的正合列而推导出来: 所考虑的楔, 以及除去最后一个空间的所有空间的楔. 只有一件事需要验证, 即序列中边界同态的平凡性.

注意一个楔上的约化纬垂与约化纬垂的楔是相同的.

10.7 同调的函子性

一个偶的正则列的函子性意义如下. 偶的映射 $(X, Y) \to (X', Y')$ 诱导这些空间所有可能的绝对与相对同调群的同态. 函子的意义即下面图为交换.

$$\begin{array}{ccccccccc}
\cdots \to & H_i(Y) & \to & H_i(X) & \to & H_i(X, Y) & \to & H_{i-1}(Y) & \to \cdots \\
& \downarrow & & \downarrow & & \downarrow & & \downarrow & \\
\cdots \to & H_i(Y') & \to & H_i(X') & \to & H_i(X', Y') & \to & H_{i-1}(Y') & \to \cdots
\end{array}$$

对于三元组正合列的函子性定义相仿.

纬垂同构的函子性意义如下. 一个映射 $f: X \to X'$ 自然诱导一个映射 $\Sigma X \to \Sigma X'$. 即先按规则 $(x, t) \mapsto (f(x), t)$ 作出柱面的映

射 $X\times[0,1]\to X'\times[0,1]$, 而后将这些映射纳入成为 $X\times[0,1]$ 的商空间 ΣX 到 $X'\times[0,1]$ 的商空间 $\Sigma X'$ 的映射. 于是我们得到图

$$\begin{array}{ccc}\widetilde{H}_i(X) & \longrightarrow & \widetilde{H}_{i+1}(\Sigma X)\\ \downarrow & & \downarrow\\ \widetilde{H}_i(X') & \longrightarrow & \widetilde{H}_{i+1}(\Sigma X')\end{array}$$

其中两个水平箭头为同构. 函子的意思是此图为交换, 且交换性的证明不难.

应用: 球面楔映射所给的同调同态的几何意义 考虑某一映射 $\bigvee\limits_{\alpha} S_{\alpha}^k \to \bigvee\limits_{\beta} S_{\beta}^k$. 胞腔逼近定理使我们能假设此楔的顶点被映至顶点. 这些空间的 k- 同调群为 $\mathbb{Z}^a$ 与 $\mathbb{Z}^b$, 其中 a, b 是楔中的球面个数; 这些球面在取得定向后在同调群上定义一个正则基. 这些空间的同调中的诱导映射用一个矩阵描述: 事实上, 生成元 $\{S_{\alpha}^k\}$ 的像是生成元 $\{S_{\beta}^k\}$ 取某些系数后的和. 系数计算如下. 映射在第一楔的球面的限制, 继以取异于 S_{β}^k 的所有球面为模的商映射, 是一个连续映射 $S_{\alpha}^k\to S_{\beta}^k$. 我们得到一个球面到另一个球面的映射. 所要的系数等于这个映射的度. 对维数 1, 此事实的证明是明显的, 对大维数则可用约化纬垂的函子性: 楔上的纬垂是纬垂的楔.

10.8 小　　结

让我们把前文所描述的、在计算中用到的奇同调性质列出来.

1. 点的同调群: 对 $i=0, H_i(*)=\mathbb{Z}$; 对 $i>0$, 同调群为零.

2. 同调的伦等价: 伦等价空间具有同构同调群.

3. $H_i(X,Y)=\tilde{H}_i(X/Y)$.

4. 偶与三元组的正合列.

5. 纬垂同构 $\tilde{H}_i(\Sigma X)\cong\tilde{H}_{i-1}(X)$. 其直接作法如下. 对任一奇单形 $\phi:\Delta\to X$ 联系上一个映射 $(\phi,\mathrm{id}):\Delta\times I\to X\times I$, 而分割 $\Delta\times I$ 成 $i{+}1$ 个 $i{+}1$ 维单形. (ϕ,id) 在这 $i+1$ 个单形上的限制的和是与奇单形 ϕ 相关联的 $i+1$ 维奇链. 然后取商, 我们首先将柱面 $X\times I$ 的映射移动到锥 CX 的映射, 再到纬垂 ΣX 的映射.

6. 球面的同调群: 对 $i=k, \tilde{H}_i(S^k)=\mathbb{Z}$, 所有别的约化同调群为零.

7. Mayer-Vietoris 正合列.

8. 楔的同调群: $\tilde{H}_i\left(\bigvee_\alpha X_\alpha\right)=\bigoplus_\alpha \tilde{H}_i(X_\alpha)$.

9. 偶、三元组以及纬垂的正合列的函子性.

第十一章　胞腔空间的同调

11.1 胞腔复形

由一 CW 复形表示的空间, 其同调群的计算并不困难. 令

$$\cdots \subset \mathrm{sk}^i(X) \subset \mathrm{sk}^{i+1}(X) \subset \cdots$$

为一 CW 复形 X 的骨架. 商空间 $\mathrm{sk}^i/\mathrm{sk}^{i-1}$ 是对应于 i 维胞腔的 i- 球面的楔形.

胞腔复形

$$\cdots \to \tilde{C}_i(X) \to \tilde{C}_{i-1}(X) \to \cdots$$

与一个胞腔空间 X 自然地相联系; 此处 $C_i \equiv \tilde{H}_i(\mathrm{sk}^i/\mathrm{sk}^{i-1})$ 是由楔的定向球面自由生成的自由 Abel 群. 为定义此复形的微分, 可如下进行. 与每一 i 维胞腔相关的是一特征映射 $D^i \to X$; 此映射将圆盘 D^i 的边缘 S^{i-1} 映至较小维数胞腔的并. 考察诱导映射

$$D^i \supset S^{i-1} \to \mathrm{sk}^{i-1}X/\mathrm{sk}^{i-2}X,$$

即 ∂D^i 的特征映射与模因子 $\mathrm{sk}^{i-2}X$ 的合成映射. 此为一球面到球面的楔形的映射:

$$S^{i-1} \to S^{i-1} \vee S^{i-1} \vee S^{i-1} \cdots .$$

对此可以用下法得到的数集 $d_1, d_2, \cdots, d_l$ 加以刻画. 考虑球面的楔形

$$S^{i-1} \vee S^{i-1} \vee S^{i-1} \cdots$$

的商空间, 其模不带第 k 个球的类似楔形. 在投射到商空间后上述映射成为 $S^{i-1} \to S_k^{i-1}$. 数 d_k 便是最后这个映射的度. (为能明确定义此度, 需固定球面的定向. S_k^{i-1} 的定向应与标准 $(i-1)$- 圆盘的指定定向通过特征映射相容. 而原来的 S^{i-1} 的定向是标准 i- 圆盘的"边界"定向.)

数 d_k 称为原有 i 维胞腔 α^i 与第 k 个 $i-1$ 维胞腔 α_k^{i-1} 的相关系数. 常用 $[\alpha^i : \alpha_k^{i-1}]$ 来记之.

边缘同态 $\tilde{C}_i(X) \to \tilde{C}_{i-1}(X)$ 定义如下: 取每一 i- 胞腔的边缘运算为所有带有相关系数的 $(i-1)$- 胞腔并之和, 即

$$\partial\alpha^i = \sum_k [\alpha^i : \alpha_k^{i-1}]\alpha_k^{i-1},$$

此处 α_k^{i-1} 是 $\tilde{C}_{i-1}(X)$ 中对应于第 k 个球面的生成元.

现在剩下的事情是验证 $\partial \circ \partial = 0$.

有一个上述复形边缘算子的等价描述. 若我们取 $X_i = \mathrm{sk}^i X$, 则 $\tilde{C}_i = H_i(X_i, X_{i-1})$, 且同态 $\tilde{C}_i \to \tilde{C}_{i-1}$ 定义为三元组 (X_i, X_{i-1}, X_{i-2}) 的正合列中的边缘同态

$$H_i(X_i, X_{i-1}) \to H_{i-1}(X_{i-1}, X_{i-2}).$$

于是同态 $\partial \circ \partial$ 便是合成映射

$$H_{i+1}(X_{i+1}, X_i) \to H_i(X_i, X_{i-1}) \to H_{i-1}(X_{i-1}, X_{i-2}).$$

这两个同态都可以分解因子, 因此合成映射便成为

$$\begin{aligned} H_{i+1}(X_{i+1}, X_i) &\to H_i(X_i) \to H_i(X_i, X_{i-1}) \\ &\to H_{i-1}(X_{i-1}) \to H_{i-1}(X_{i-1}, X_{i-2}). \end{aligned}$$

这里中间两个同态是偶 (X_i, X_{i-1}) 的正合列的相邻同态, 从而整个列都是零同态.

这样得到的复形的同调群称为胞腔同调群.

基本定理　胞腔空间的胞腔同调群正则同构于奇同调群.

我们不打算介绍这个定理的完整证明 (虽然我们已经具备证明此定理的必要工具, 读者不妨试一下). 证明的第一步是下面引理.

引理　$H_i(X) \cong H_i(X_{i+1}, X_{i-2})$.

证明此结论也分两步:

$$H_i(X) \cong H_i(X_{i+1}) \cong H_i(X_{i+1}, X_{i-2})$$

考虑偶 (X_{i+2}, X_{i+1}) 的正合列

$$H_{i+1}(X_{i+2}, X_{i+1}) \to H_i(X_{i+1}) \to H_i(X_{i+2}) \to H_i(X_{i+2}, X_{i+1}).$$

此序列的两个左右端项为零, 因为它们同调于 $(i+2)$- 球面楔形的同调群. 从而序列的中项应为同构. 用相仿的办法证明这些群与群 $H_i(X_{i+3}), H_i(X_{i+4})$ 等同构, 最后 (依公理 **W**) 收敛于群 $H_i(X)$. 因此有 $H_i(X) \cong H_i(X_{i+1})$.

三元组 $(X_{i+1}, X_{i-2}, X_{i-3})$ 的正合列导致

$$H_i(X_{i+1}, X_{i-2}) \cong H_i(X_{i+1}, X_{i-3}),$$

三元组 $(X_{i+1}, X_{i-3}, X_{i-4})$ 的正合列蕴涵这些群同构于 $H_i(X_{i+1}, X_{i-4})$; 则我们可以逐字逐句证明这些群之间的同构, 且

$$H_i(X_{i+1}, X_{i-5}), \cdots, H_i(X_{i+1}, X_{i-(i+1)}) \equiv H_i(X_{i+1}),$$

这就完成了引理的证明.

因此 $H_i(X)$ 的计算便化为仅有 $i+1, i, i-1$ 维胞腔以及单个零维胞腔的空间 X_{i+1}/X_{i-2} 的研究. 详情可见 Fomenko 与 Fuks 的书.

11.2　例子: 射影空间的同调

我们现在来计算空间 $\mathbb{R}P^n$ 的同调群. 注意一个向量子空间的串, 即一个序列

$$\mathbb{R}^1 \subset \mathbb{R}^2 \subset \mathbb{R}^3 \subset \cdots \subset \mathbb{R}^{n+1}.$$

此串诱导一个球面 $S^n \subset \mathbb{R}^{n+1}$ 的胞腔分解, 它在每一维数 $i = 0, 1, \cdots, n$ 上有两个胞腔, 即集 $S^i \backslash S^{i-1}$, $S^i = S^n \cap \mathbb{R}^{i+1}$ 的连通分支. 这些胞腔为中心对称, 因此它们诱导射影空间 $\mathbb{R}P^n$ 的胞腔分解.

计算每一胞腔在下一个维数的胞腔边缘中的系数. 胞腔的几何重数是 2, 而两者出现可能同号也可能异号. 但定向在 $\mathbb{Z}_2$ 上的同调不起作用, 故此时我们得到

$$H_i(\mathbb{R}P^n, \mathbb{Z}_2) = \mathbb{Z}_2, \quad i = 0, 1, \cdots, n.$$

但在计算 $H_i(\mathbb{R}P^n, \mathbb{Z})$ 时我们必须计及定向. 例如考察 $\mathbb{R}P^n$ 中的 2- 胞腔. 此时特征映射是 2- 圆盘到上半球面的同胚以及紧接着球面对径点的叠合这两者的合成. 一开始胞腔的边缘由一对半圆组成, 而这些半圆在中心对称下黏合在一起. 又如果对称保定向, 则这些胞腔确定两个有相同定向的胞腔, 否则为反定向. 在我们的情形中对称保定向, 故有 $\partial(k^2) = 2k^1$. 在一般情形有 $\partial(k^{2n}) = 2k^{2n-1}, \partial(k^{2n+1}) = 0$.

结果我们得到一个链复形

$$\begin{array}{ccccccccccc}
\cdots \to C^5 & \longrightarrow & C^4 & \longrightarrow & C^3 & \longrightarrow & C^2 & \longrightarrow & C^1 \\
\| & & \| & & \| & & \| & & \| \\
\cdots \to \mathbb{Z} & \xrightarrow{0} & \mathbb{Z} & \xrightarrow{\times 2} & \mathbb{Z} & \xrightarrow{0} & \mathbb{Z} & \xrightarrow{\times 2} & \mathbb{Z}
\end{array}$$

此复形的同调群为

$$\cdots \mathbb{Z}_2 \quad 0 \quad \mathbb{Z}_2 \quad 0 \quad \mathbb{Z}_2 \quad \mathbb{Z}.$$

最高维数情形必须分别处理. n 为奇数时同调群 $H_n(\mathbb{R}P^n)$ 是 $\mathbb{Z}$, n 为偶数时同调群为 0. 特别地, $\mathbb{R}P^n$ 对于奇数 n 为可定向, 对于偶数 n 为不可定向.

11.3　Grassmann 流形的胞腔分解

在 $\mathbb{R}^n$ 中选择一个完整的串, 即一子空间的序列

$$\mathbb{R}^1 \subset \mathbb{R}^2 \subset \mathbb{R}^3 \cdots \subset \mathbb{R}^n.$$

(若已选坐标系, 则对 $\mathbb{R}^k$ 可选成基的前 k 个向量生成的子空间.) 那么我们将联系 Grassmann 流形 $G_k(\mathbb{R}^n)$ 的每一点, 即对一 k 维子空间 L, *Schubert* 符号

$$\sigma(L)=(\sigma_1(L),\sigma_2(L),\cdots,\sigma_k(L))$$

如下定义:

$$\sigma_1(L)=\text{使 } \mathbb{R}^i\cap L \text{ 的维数等于 1 的最小整数},$$
$$\sigma_2(L)=\text{使 } \mathbb{R}^i\cap L \text{ 的维数等于 2 的最小整数, 等等}.$$

反之, 对一固定的自然数组 $\sigma_1,\sigma_2,\cdots,\sigma_k,\sigma_k\leqslant n$, 考察所有以此组为 Schubert 符号的子空间 L.

引理 对任何递增的正整数列 $\sigma_1,\sigma_2,\cdots,\sigma_k,\sigma_k\leqslant n$, 具有 Schubert 符号 $(\sigma_1,\sigma_2,\cdots,\sigma_k)$ 的所有平面之集与一胞腔 (即某一维数的开球) 同胚, 且所有这些胞腔合起来构成 Grassmann 流形 $G_k(\mathbb{R}^n)$ 的一个胞腔分解.

这个胞腔称为与 Schubert 符号 $(\sigma_1,\sigma_2,\cdots,\sigma_k)$ 对应的 *Schubert* 胞腔. 容易计算出其维数为

$$(\sigma_1-1)+(\sigma_2-2)+\cdots+(\sigma_k-k).$$

事实上, 在具有 Schubert 符号 $(\sigma_1,\sigma_2,\cdots,\sigma_k)$ 的任一平面上有一框架 $(e_1,e_2,\cdots,e_k)$ 使 $e_i\in\mathbb{R}^{\sigma_i}\backslash\mathbb{R}^{\sigma_i-1}$. 向量 e_1 在相差一个扩张的一维群时, 由 L 唯一确定, 而 e_2 在相差一个扩张以及一个 e_1 的倍数的加法下也唯一确定.

复 Grassmann 流形的胞腔分解可用同一方式定义. 一个复 Grassmann 流形的胞腔的维数等于与同一 Schubert 符号的实 Grassmann 流形维数的加倍. 特别地, 它们均为偶数维的. 这件事蕴涵了下列同调结构:

$$H_m(G_k(\mathbb{C}^n),\mathbb{Z})=\begin{cases}0, & m \text{ 为奇数},\\ \mathbb{Z}^{d(k,l)}, & m=2l;\end{cases}$$

其中 $d(k,l)$ 是使

$$(\sigma_1-1)+(\sigma_2-2)+\cdots+(\sigma_k-k)=l$$

的两两不同的 Schubert 符号的个数.

系数在 $\mathbb{Z}_2$ 中的实 Grassmann 流形的同调群有相类似的结构:

$$H_m(G_k(\mathbb{R}^n), \mathbb{Z}_2) = \mathbb{Z}_2^{d(k,m)}.$$

如果我们能验证每一出现在下一维任意胞腔边缘的胞腔具有偶相关系数, 即已证明得此结论. 但从下面的观察, 这一步验证可以越过不计.

一个 Grassmann 流形为一代数流形, Schubert 胞腔的闭包为 Grassmann 流形中的代数子集, 而任一闭代数子集 (即使有奇点) 确定一模 2 的基本类.

实 Grassmann 流形的系数在 $\mathbb{Z}$ 中的同调群的计算问题并不容易. 以下我们仅讨论一维同调群 $H_1(G_k(\mathbb{R}^n), \mathbb{Z})$, 而略去退化情形 $k = 0$ 和 $k = n$. 就是说我们将证明对所有非退化情形此群为 $\mathbb{Z}_2$. $k = 1$ 的情形前面已考虑过, 故可设 $k > 1$.

此结论的证明要借助于胞腔分解. 只有下面这些胞腔复形的片参与了计算:

$$(\text{二维}) \longrightarrow (\text{一维}) \longrightarrow (0\ \text{维})$$

我们正好有一个一维胞腔; 它对应于 Schubert 符号 $\sigma = (1, 2, \cdots, k-1, k+1)$. 对应于此胞腔的线段的端点相同, 因为只有一个 0 维胞腔. 因此对应于 0 维链的边缘映射是平凡的. 让我们研究从 2- 链到 1- 链的映射. 它恰好有两个胞腔, 对应于 Schubert 符号 $(1, 2, \cdots, k-1,\ k+2)$ 与 $(1, 2, \cdots, k-2, k, k+1)$. 这些胞腔的第一个已足以应付需要. 一维胞腔参与此胞腔的方式与 $\mathbb{R}P^{n-k}$ 中的一样. 事实上, 对应于子空间 $L^k \subset \mathbb{R}^n$ 的前 $k-1$ 个基向量一致, 而最后一个基向量属于 $\mathbb{R}P^{n-k}$. 因此微分 $\partial_2 : \tilde{C}_2 \to \tilde{C}_1$ 的像含有子群 $2\mathbb{Z}$, 从而商群 (即同调群) 不能比 $\mathbb{Z}_2$ 大. 但非定向子空间的 Grassmann 流形允许有由定向子空间构成的 Grassmann 流形的二重覆叠, 因此第一同调群不能比 $\mathbb{Z}_2$ 小.

此外, 对 $k \neq 0, n$, 群 $\pi_1(G_k(\mathbb{R}^n))$ 也同构于 $\mathbb{Z}_2$. 事实上, 由胞腔逼近定理知此群由唯一道路 (即一维胞腔) 的类生成. 上述讨论 —— 用及嵌入 $\mathbb{R}P^{n-k} \to G_k(\mathbb{R}^n)$ —— 证明此道路取两次即同伦于零. 因此我们计算的基本群或者同构于 $\mathbb{Z}_2$, 或者为平凡. 但最后情况是不可能的, 因为已有一非平凡的二重覆叠 $\tilde{G}_k(\mathbb{R}^n) \to G_k(\mathbb{R}^n)$.

问题 计算流形 $G_2(\mathbb{R}^4)$ 所有整系数的同调群. 此流形是否为可定向?

问题 证明道路连通胞腔空间的一维同调群 $H_1(X)$ 同构于群 $\pi_1(X)$ 的以交换子为模的商群:

$$H_1(X) \cong \pi_1(X)/[\pi_1(X), \pi_1(X)].$$

第十二章 Morse 理论

12.1 Morse 函数

Morse 理论提供一种方法, 使我们能从一个函数 $f: M \to \mathbb{R}$ 出发去构造流形 M 的胞腔分解. 首先设 M 为一光滑 n 维无边界流形. 我们再设函数 f 非退化 (一个 Morse 函数). 其意义如下. 取 $f \in C^\infty(M, \mathbb{R})$. f 的一个奇点 (或临界点) 是这样的点, 此处 f 所有偏导数均为零. 在 f 的一非奇点 x_0 邻域内, 等值集 $\{x|f(x) = f(x_0)\}$ 为 M 中的一个光滑 $n-1$ 维子流形. 在以此奇点为中心的局部坐标 x_i 下, 函数 f 有形状

$$f(x) = f(0) + \sum_{1 \leqslant i,j \leqslant n} a_{ij} x_i x_j + O(|x|^3), \quad a_{ij} = \frac{1}{2} \frac{\partial^2 f}{\partial x_i \partial x_j}.$$

一奇点称为 Morse 点, 若二次型 $\sum a_{ij} x_i x_j$ 非退化, 即矩阵 (a_{ij}) 的行列式非零. 此二次型有明确定义且被称为 f 在奇点处的**二次微分**.

Morse 引理 在 Morse 奇点的邻域内存在一个局部坐标使函数具有标准形

$$x_1^2 - x_2^2 - \cdots - x_k^2 + x_{k+1}^2 + \cdots + x_n^2 + f(0).$$

定义 一函数称为 *Morse* 函数, 若它的所有奇点均为 Morse 点. 称此函数为强 *Morse* 函数, 若它的所有奇点为 Morse 点, 且其每一临界值恰好在一个奇点处取值.

注意一个 Morse 函数的奇点构成一离散集.

定理 *在流形 M 上所有光滑函数 (赋有 $C^k, k \geqslant 2$ 拓扑) 的空间中, 强 Morse 函数构成一稠子集, 而当 M 为紧时, 构成一开稠子集.*

例如考察一维流形上的一个函数, 它在一奇点邻域某局部坐标下为 x^3. 容易在同一流形上构造一个新的函数, 它在原有函数的其他奇点的某邻域内与原有函数一致, 且除给定奇点外没有其他奇点, 在给定奇点的邻域中为 $x^3 + \tau x$, 其中 τ 接近于零. 这样构造的函数当 $\tau > 0$ 时在原来邻域内无奇点, 当 $\tau < 0$ 时有两个 Morse 奇点.

12.2 具有 Morse 函数的流形的胞腔结构

令 M 为一紧无边界流形, 又令 $f : M \to \mathbb{R}^1$ 为 M 上的 Morse 函数. 我们将遵循下面方法作出 M 的一个胞腔分解. 对每一 $t \in \mathbb{R}^1$, 考察集合

$$M_t = f^{-1}((-\infty, t])$$

以及此集当 t 增长时的变化. 为行文简洁, 设 f 为一强 Morse 函数.

一开始设 $M_t = \varnothing$, 则我们遇到函数的极小值. 在这个点上标准形是 $x_1^2 + \cdots + x_n^2 + \alpha$. 当 t 比极小值略大时 M_t 同胚于闭 n 维球, 特别地, 它与一点伦等价. 进而设 $n = 1$, 则 M 为一平面曲线 (图 23), 而 f 是高度函数在此曲线上的限制. 流形 (及其伦型) 按 f 通过临界值时的情形, 归纳作法如下. 空集 $\Rightarrow$ 一点 $A \Rightarrow$ 两点 A 与 $B \to$ 点 A 与 B 用一线段联结 $\Rightarrow$ 第三点 C 出现 $\Rightarrow A$ 与 C 用一线段联结 $\Rightarrow B$ 与 C 用一线段联结. 这样我们得到表示为具有 3 个顶点与 3 条棱的图形的 M 的胞腔分解.

现在设 M^n 为一正则嵌入在 $\mathbb{R}^{n+1}$ 中的球面, 而 f 是任一线性函数 $\mathbb{R}^{n+1} \to \mathbb{R}$ 在其上的限制. 那么 f 仅有两个临界值 $a < A$. 当 t 在区间 (a, A) 中移动时, 流形 M_t 的拓扑型不会改变 (故也保持了

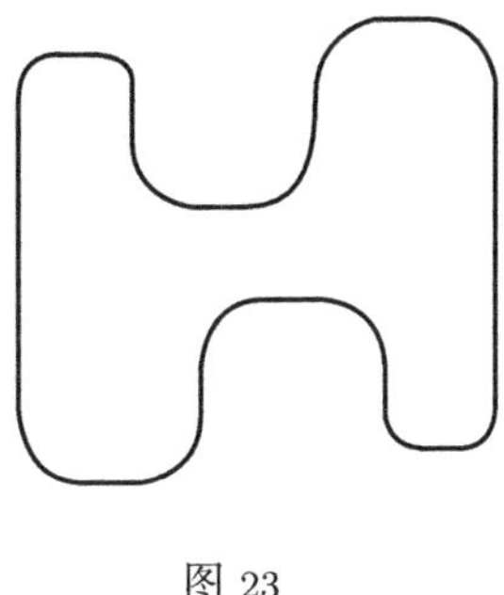

图 23

一点的伦型). 通过值 A (此后 M_t 即变为整个 M) 相当于在 $M_{A-\varepsilon}$ 上黏合一个 n 维胞腔.

下一个重要的例子 (见 Milnor 的书《Morse 理论》(Morse Theory)) 是嵌入在 $\mathbb{R}^3$ 中的环面, 而 f 是通有线性函数 $\mathbb{R}^3 \to \mathbb{R}$ 的限制. 环面的变换的步骤是: 黏合一条环柄 (一条带子) 到圆盘, 而后是另一个环柄, 最后是一个圆盘.

现在让我们来给出一般情况下的变换的描述.

命题 若 $a < b$ 且函数 f 在线段 $[a, b]$ 上无临界值, 则存在一个同胚 $M_b \sim M_a$.

此同胚由 (适当标准化下) 梯度向量场 grad f 的作用确定.

现在我们来考察当 t 通过临界值时会发生什么情况.

奇点的 (在正则形下) 二次型的负平方项的个数称为此奇点的指标. 考虑 M 的一个指标为 i 的临界点, 而令 t_0 为临界值. 考察流形 $M_{t_0-\varepsilon}$ 与 $M_{t_0+\varepsilon}$, 其中 ε 选之甚小使在线段 $[t_0-\varepsilon, t_0+\varepsilon]$ 上除 t_0 外无其他临界值.

定理 拓扑空间 $M_{t_0+\varepsilon}$ 伦等价于黏合 i 维圆盘的空间 $M_{t_0-\varepsilon}$, 即

$$M_{t_0+\varepsilon} \sim M_{t_0-\varepsilon} \cup_{\varphi} D^i, \tag{1}$$

其中 $\varphi: \partial D^i \to M_{t_0-\varepsilon}$ 为连续映射.

对一函数 f 的每一临界点我们联系上一个高 (低) 分界线流形, 即所有这样的点 $y \in M$ 的集合的闭包, 使得向量场 $-\mathrm{grad} f(\mathrm{grad}\ f)$ 过 y 的相曲线将趋近临界点. 例如 y 轴是函数 $f(x, y) = x^2 - y^2$ 的

低分界线流形, 而 x 轴是其高分界线流形. 一般情形下, 指标 i 的 Morse 临界点的邻域内低分界线流形与高分界线流形的构成框架, 很像两个维数分别为 i 与 $n-i$ 的相互穿越的圆盘, 也就是在 $\mathbb{R}^n$ 内由方程 $x_{i+1}=\cdots=x_n=0$ 与 $x_1=\cdots=x_i=0$ 给出的平面上的中心在原点处的圆盘.

定理结论中的圆盘是低分界线流形的一部分, 属于函数 f 从 $t_0-\varepsilon$ 变到 t_0 的域.

定理 任一紧流形伦等价于一个有限 CW 复形.

借助前一个定理以及下面的事实即可证明上定理: 圆盘 ∂D^i 到一 CW 复形的黏合映射可用一个伦等价胞腔映射替代.

12.3 黏合环柄

令 $f: M \to \mathbb{R}$ 为一 Morse 函数; $M_a = f^{-1}((\infty, a])$. 设 $a < b$, 在 a 与 b 之间恰有一个临界值 α, 且此临界值对应于指标为 i 的临界点. 那么集合 M_b 伦等价于 $M_a \cup_\phi D^i$, 其中 φ 为一嵌入 $\partial D^i \to \partial M_a \equiv f^{-1}(a)$. 伦等价几乎可以用梯度向量场给出. 对 $n=2, i=1$, $f=-x^2+y^2+\alpha$ 的情形, 集合已画于图 24.

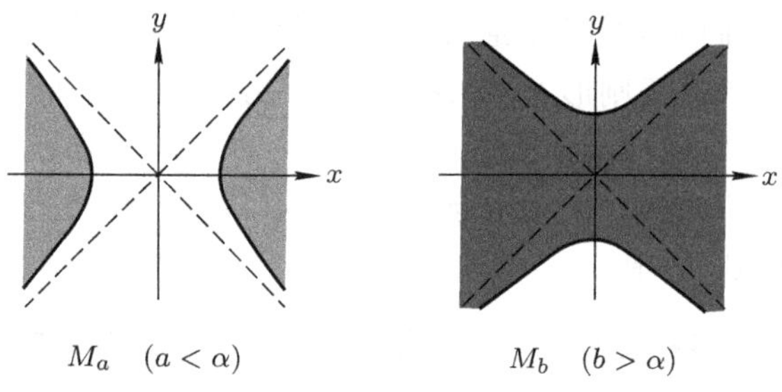

$M_a \quad (a<\alpha)$ $\qquad$ $M_b \quad (b>\alpha)$

图 24

此外, 我们不但能描述此同伦, 还可以描述 M_b 的拓扑结构. 作法如下. 指标为 i 的环柄为一偶 $(D^i \times D^{n-i}, S^{i-1} \times D^{n-1})$. 将环柄黏合于 M_a 意思是将 $D^i \times D^{n-i}$ 沿一 $S^{i-1} \times D^{n-1}$ 映入 ∂M_a 中的嵌入黏合到 M_a. 于是 M_b 与黏合指标为 i 的环柄的 M_a 同构.

12.4 正则 Morse 函数

在我们证明许多结论时, 例如证明任一紧流形有胞腔复形伦型时, 用正则 *Morse* 函数代替任意 Morse 函数是方便的. 这种 Morse 函数的性质是, 对所有 i, 它在所有指标为 i 的临界点处的值小于它在指标为 $i+1$ 的临界点处的值.

定理 (S. Smale) *在任一光滑无边界流形上存在正则 Morse 函数.*

在这个定理的证明中将用到拟梯度向量场. 这个概念比梯度更具机动性, 因为后者需依赖 Riemann 度量, 而且不方便.

一个 Morse 函数的*拟梯度向量场*是具有下面两个性质的任意光滑向量场:

1) 场除 f 的临界点外无其他奇点, 且 f 沿场的轨线处处以正速度增长;

2) 此场在 f 的任一临界点邻域内与梯度向量场相似, 即存在一个局部坐标系使

$$f = -x_1^2 - \cdots - x_i^2 + x_{i+1}^2 + \cdots + x_n^2 + \alpha$$

且在此坐标系下向量场形为

$$(-2x_1, \cdots, -2x_i, 2x_{i+1}, \cdots, 2x_n).$$

一个将 M_b 压缩成 $M_a \cup D^i$ 并实现伦等价关系 (1) 的同伦, 不但可以用梯度场来作出, 也同样可用拟梯度场来作出.

为证明此定理, 我们需要了解怎样交换较坏的临界值. 设 $f^{-1}([a,b])$ 含有正好两个临界点, 且对应的临界值处于较坏情况: 在较小指标处 f 有较大的值. 考虑这两个点处的低分界线与高分界线流形. 有两种可能性: 或者所有扫过这些流形的轨线到达边界 $f^{-1}(a) \cup f^{-1}(b)$, 或者有轨线从一点到另一点越过流形. 先设不存在第二种轨线.

引理 *设集合 $f^{-1}([a,b])$ 恰含两个临界点, 且所有高分界线及低分界线流形互不相交 (在临界点外). 那么对任何 $\alpha, \beta \in (a,b)$, 在同一集上存在一个新的函数 g, 具有下面性质:*

1) 在此集的边界的邻域中 g 与 f 一致;

2) 原有的拟梯度向量场也是 g 的拟梯度向量场;

3) g 在第一奇点处取值 α, 在第二奇点处取值 β.

引理的证明 所要的函数可如下作出. 在分隔两个低分界线流形的 $\partial M_a = f^{-1}(a)$ 上考察一个光滑函数 φ, 在 [0,1] 上取值. 这表示在一个分界线流形邻域中 $\varphi = 0$, 在另一个分界线流形邻域中 $\varphi = 1$. 拟梯度向量场可使我们扩张此函数 φ 至整个集 $f^{-1}([a,b])$, 办法是在场的每一轨线上取常值. 此函数在每一临界点的小邻域中取常值, 故为光滑.

我们寻求函数 g 具有形状 $g(x) = G(f(x), \varphi(x))$, 其中 G 是矩形 $[a,b] \times [0,1]$ (图 25) 上一适当光滑函数. 例如若取 $G(y,t) \equiv y$, 则 $g(x)$ 即为原有函数 f. 我们需要从函数 G 得到的所有性质如下:

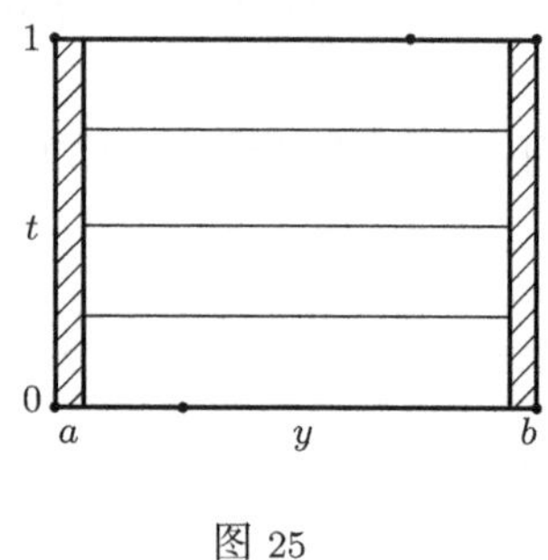

图 25

1) 在边 $a \times [0,1]$ 与边 $b \times [0,1]$ 的近旁它要与 y 一致;

2) 沿水平线段 $t \times [a,b]$ 它应严格单调增加;

3) 在矩形的上下底的两个基点处它取前述值 α, β (这些点的 y-坐标是原始函数 f 的临界值).

构造这样的函数 G 不会有问题, 则引理即得证. □

设存在两个指标为 i 及 j 的临界点, 在指标 i 点的临界值小于在指标 j 点的临界值, 但 $i > j$, 且函数 f 在这两个临界点处的值之间, 再无别的临界值.

考察分隔奇点的中介层 $f^{-1}(\xi)$ (见图 26). 分界线流形沿维数为 $j-1$ 及 $n-j-1$ 的球面分割此中介层. 含有这些球面的流形 $f^{-1}(\xi)$ 的维数为 $n-1$, 球面的维数和等于 $n-2+(j-i) < n-2$,

这是由于已假设 $j < i$. 因此在一般情况下 (即使我们常常给拟梯度场以微小扰动), 分界线流形不相交. 因此引理假设满足, 从而可以交换两个临界点的次序.

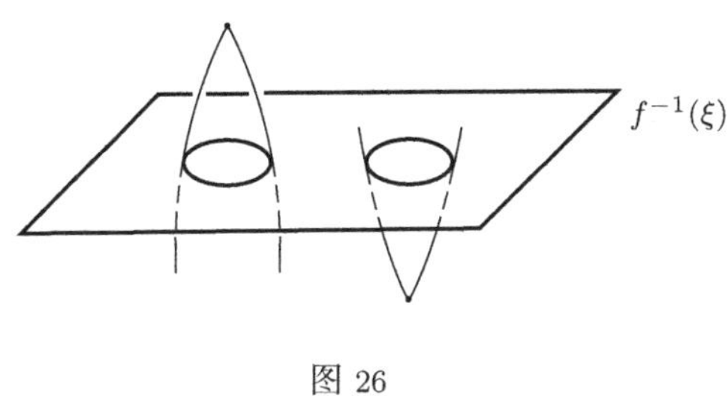

图 26

12.5 Morse 复形中的边界算子

令 M^n 为一流形, 且令 $f: M^n \to \mathbb{R}$ 为一正则 Morse 函数. 那么 M^n 有一个胞腔分解, 其胞腔对应于 f 的临界点. 只有一件事是我们需要计算的, 即相邻维数的胞腔 (也就是相邻指标 i 与 j 的奇点) 的相关系数. 我们先从 M^n 可定向情形开始. 考虑一个中介等值曲面 $f^{-1}(\xi)$, 其中 ξ 大于指标 i 的所有临界值, 小于指标 $i+1$ 的所有临界值 (图 27). 由临界值为 α, 指标为 i 的奇点形成的高分界线流形为 $n-i$ 维. 若 f 及拟梯度向量均为通有的, 则依前节同样的讨论, 此流形不会与另一指标为 i 的临界点相遇. 依 Morse 引理, 它与任一等值集 $f^{-1}(\alpha+\varepsilon)(\varepsilon > 0$ 充分小) 的交集为一个 $n-i-1$ 维球面, 因此与等值集 $f^{-1}(\xi)$ 的交也如此. 同样地, 由指标 $i+1$ 的点下落的低分界线流形将沿 i 维球面分割等值面. 此集的维数 $n-1$ 正好等于数 $n-i-1$ 与 i 的和, 因此在通有情况下, 上球面与下球面仅可以彼此在分隔的点处穿越相交. 任何这样的交点对应于连接指标为 i 及 $i+1$ 的临界点的某些分界线, 因此只能有有限多个这样的分界线.

对应于低分界线圆盘的胞腔分解取某一定向. 而一个低分界线圆盘的定向诱导从同一临界点开始的高分界线圆盘的定向, 因为这些圆盘包含于一个可定向流形内. 等值面 $f^{-1}(\xi)$ 也有定向: 使 f 增加的切向量的补集的定向必与周围空间的已给定向一致.

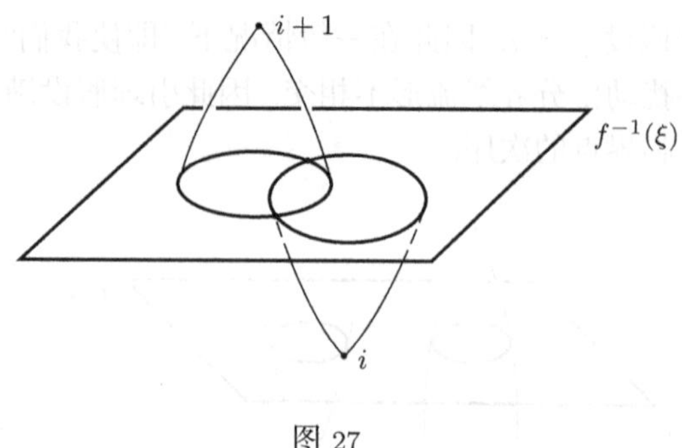

图 27

对应于另一临界点处的第二对分界线圆盘也可以正则地定向. 因此, 等值面上的两个球面均有定向. 我们要找的相关系数可如下计算. 在这两球面的每一交点处, 考虑等值面的切向量框架, 它由第一球面的正的切向量框架与第二球面的正的切向量框架组成. 我们视这样得到的等值面上的定向是否与正则定向一致而给这个点联系上数值 ± 1, 然后将这些数加到所有交点处. 最后得到的和即为相关系数.

定理 闭定向流形的同调群与一 (有限生成的) 链复形的同调群相同, 此链复形的群 C_i 由一正则 Morse 函数的指标 i 的临界点自由生成, 而微分由上述得到的相关系数给出.

事实上上面的作法基本上未用及流形的可定向性.

对不可定向流形情形作法如下. 对应于我们正在计算相关系数的胞腔, 其低分界线圆盘已有定向. 同一临界点的上分界线圆盘 (它不参加胞腔分解的构造) 虽然不具有定向, 却有一穿越定向 (协定向).

定义 流形 M 中一子流形 L 的协定向是其法向量丛的定向, 即穿越 L 的相补维数为 $\dim M - \dim L$ 的小圆盘的定向.

低分界线集的定向确定了相应高分界线集的一个协定向 (与低、高分界线集相交处的临界点的协定向一致).

对于这种情形, 拟梯度向量场联结相邻指标的临界点的每条轨线是一个定向曲面 (高指标临界点的低分界线集) 与一个协定向曲面 (低指标临界点的高分界线集) 的相交曲线. 现在我们来解释在这种情况下怎样来选择符号.

考虑这些曲面与某等值面 $f^{-1}(\xi)$ 的交, 其中 ξ 是位于所说两个临界点的值之间的非临界值. 等值面与低分界线圆盘的交集已有定向: 其定向可用任一点处切空间中任一框架特定, 只要沿补集向量时使函数为增即可, 这就定义了此分界线圆盘的正向切向量框架. 在高分界线圆盘与低分界线圆盘在等值面上交集的每点处, 高分界线的两个协定向已给定: 一个来自相应低分界线圆盘的定向, 另一个由 (与之穿越相交的) 低分界线圆盘的定向确定. 轨线视其协定向是否一致而取得符号. 胞腔的相关系数等于轨线取相应符号得到的数.

现在前述定理的结论可以逐字重复, 但可定向假设可以免去.

练习 作出流形 $S^n, \mathbb{R}P^n, T^2$ 的 Morse 复形并计算其同调群.

带边界紧流形的同调群也可以相仿地计算. 有一个定理使此种计算成为可能.

定理 *在一带边界紧流形上存在一个 Morse 函数 f, 在边界 ∂M 为常值, 在此处 (也仅在此处) f 达到大范围极大, 且使 f 的梯度在边界的邻域中异于零, 并穿越此边界.*

其意思是说, 若 c 为大范围极大, 则有 $f^{-1}(c) = \partial M$.

我们如下来进行定理的证明. 可以容易地证明任一光滑紧流形能作为一个子流形嵌入到维数充分大的 Euclid 空间. 考虑这样一个嵌入 $M \to \mathbb{R}^N$, 则 M 上有一诱导度量. 在流形上考虑一函数, 其定义为到边界的 (在诱导度量下的) 距离. 此函数可能有退化临界点, 例如使函数为非光滑的点. 但在此类较坏点的小邻域中的一个小扰动, 将产生一个 Morse 函数, 它与原有函数在此边界的一邻域内一致. 于是函数 $f = -g$ 便是我们所要的函数.

与前面情况一样, M 的同调群计算可用 *Morse 链复形* $C = C(M, f)$ 进行, 其中 C_i 是自由 Abel 群, 生成元对应于 f 的指标 i 的临界点, 而相关系数的计算同前.

相对同调群 $H_*(M, \partial M)$ 也可以同法计算. 为此可从函数 $-f$ 出发; 而链复形的作法可从边界开始 (即从一个其链作为模的集合以得出所要的同调群).

对于非紧流形下面的结论是有用的.

定理 任一无边界流形可嵌入成某 $\mathbb{R}^N$ 中的一个正则子流形.

这样一个子流形 M^n 是 $\mathbb{R}^N$ 中的一个闭子集, 使得对它的任一点 x 存在一个 $\mathbb{R}^N$ 中邻域 U 及一微分同胚 $U \to \mathbb{R}^N$, 将 x 变为 0, 且将 $M \cap N$ 与向量子空间原点的某一邻域等同. 此定理保证任一 n 维流形与这样的子集微分同胚.

例如, 一个开圆盘可以作为 2- 平面嵌入 $\mathbb{R}^3$ 中, 一个去孔圆盘作为柱面 $\{x^2 + y^2 = 1\}$ 嵌入, 而具有三个孔的圆盘可作为流形 $\{(xy)^2 + z^2 = 1\}$ 嵌入.

用 Morse 复形方法计算同调只要求集合 $M_\lambda \equiv f^{-1}((-\infty, \lambda])$ 对所有 $\lambda < \infty$ 均为紧. M 作为一闭正则子流形嵌入到 $\mathbb{R}^N$ 中, 考虑 M 上的函数, 其值等于到一已选点 A 的距离. 此函数可能不是 Morse 函数, 但所有集 M_λ 仍为紧. 此距离函数的任意小的扰动提供了一个具有同样性质的 Morse 函数. (事实上此距离函数对几乎所有点 A 均为 Morse 函数.)

一般说来这样得到的胞腔分解可以有无限多个胞腔. 例如具有无限多个环柄的球面必有无限多个胞腔.

但是离开任一临界点的低分界线集 (即向量场 $-\text{grad}\ f$ 的轨线) 只能进入其他临界点的有限集中. 这就使我们能与前面一样展示计算同调的 Morse 复形, 尽管得到的群也可能是无限维的.

常常发生这样的情况, 一个非紧流形上的 Morse 函数可以有有限多个临界点. 在这种情形下流形有一有限胞腔复形的伦型.

12.6 Morse 不等式

Morse 理论为任一 Morse 函数临界点的个数提供了一个下界:

$$b_i = \text{rank}\ H_i(C) \leqslant \dim C_i;$$

特别有 $b_i \leqslant \mu_i$, 其中 μ_i 是指标为 i 的奇点个数.

将挠数算进去, 我们可以改进这个估计. 令

$$H_i(M) = \mathbb{Z}^{b_i} \oplus \text{Tors}_i,$$

再令 tor_i 为群 Tors_i 的生成元的最小个数. 则有

$$b_i + \mathrm{tor}_i \leqslant \mu_i.$$

事实上, 一商群 G/R 的生成元的最小个数不可能大于 G 的生成元的最小个数.

但这还不是最精确的估计. 关键是当我们有一链复形

$$\cdots \xrightarrow{\partial} C_i \xrightarrow{\partial} C_{i-1} \xrightarrow{\partial} C_{i-2} \xrightarrow{\partial} \cdots$$

且 $C_i = \mathbb{Z}^{\alpha_i}$ 时,

$$b_i + \mathrm{tor}_i + \mathrm{tor}_{i-1} \leqslant \alpha_i.$$

特别地, 若 $\{C_i\}$ 是由 f 作出的 Morse 复形, 则上面不等式的左端提供 f 的指标为 i 的临界点个数的下界.

在最简单的情形, 第二个加项 tor_{i-1} 的出现有如下解释. 链复形

$$0 \to \mathbb{Z} \xrightarrow{\times p} \mathbb{Z} \to 0$$

的同调群为

$$0 \quad 0 \quad \mathbb{Z}_p \quad 0.$$

若我们仅仅知道此复形的同调群 (已知所有群 C_i 均为 Abel 群), 则我们还可以说, 左边第二个同调群 (等于零) 来自链的非零群. 因此, 最后两个加项 $\mathbb{Z}$ 对应于链复形中的项 $\mathbb{Z}_p$: 同一维数的一个加项, 和一个同一维数加上 1 的加项.

复杂性定理 (S. Smale) *若 M^n 为一紧单连通无边界流形, 且 $n \geqslant 6$, 则在 M^n 上存在一个正则 Morse 函数, 使对每 i, 此函数的指标为 i 的临界点的个数等于 $b_i + \mathrm{tor}_i + \mathrm{tor}_{i-1}$.*

12.7 Morse 函数的标准分岔

流形的同调群可以用 Morse 函数与一个拟梯度场 v 来计算. 但若我们改变 f 时情况将如何呢? 自然同调不会改变, 但复形会改变, 因为临界点个数有了变化. 最简单的分岔如图 28. 它对应于函数 $x^3 - \varepsilon x$ 过渡到函数 $x^3 + \varepsilon x$. 原有函数有两个临界点, 新函数则无临界点. 高维情形也有类似情况发生.

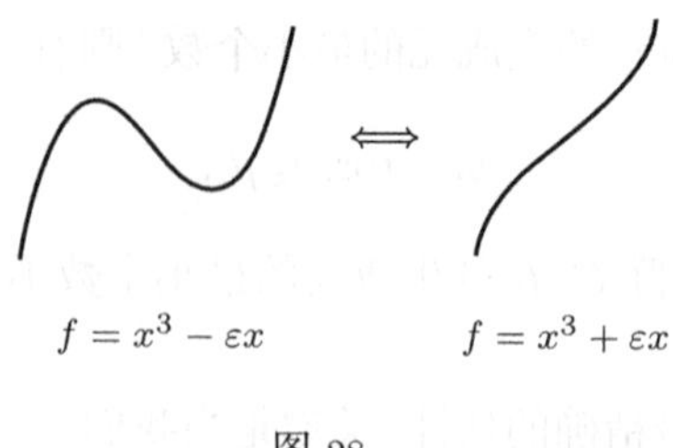

图 28

Morse 函数在 $C^k, k \geqslant 2$ 拓扑下构成一个处处稠的开子集, 就是说 "几乎所有" 函数都是 Morse 函数, 且一个小的扰动会移动非 Morse 奇点. 但是如果我们考察一个函数的单参族 $f_t = F(\cdot, t)$, 其中 $F: M \times I \to \mathbb{R}$, 则对某些参数值 t, 此函数 f_t 可能有不可避免的更复杂性质: 这样一个函数 f_t 的小扰动产生一个 Morse 函数, 但对某些近于 t 的 τ, 在扰动族里有一非 Morse 函数 $\tilde{f}_\tau$.

一个函数称为有 A_2 型奇性, 若在某局部坐标下有形式

$$x_1^3 + x_2^2 + \cdots + x_i^2 - x_{i+1}^2 - \cdots - x_n^2 + \alpha.$$

这个函数初看与 x^3 相似. 加上 $\varepsilon x_1, \varepsilon > 0$, 我们得到一个函数的可任意小的扰动, 但无相近临界点. 我们甚至可以保持此函数在临界点的一个小邻域外, 办法是将 εx_1 乘以一个帽函数 —— 它在此邻域外恒等于零.

当一个单参函数族经过一个具有 A_2 型奇性的函数时, 获得两个指标为 $n-i$ 和 $n-i+1$ 的奇点, 也就是有两个维数为 $n-i$ 和 $n-i+1$ 的胞腔加进此 Morse 复形. 这些胞腔的相关系数等于 ± 1; 没有此种胞腔的胞腔复形的同调群同构于新复形的同调群. $\mathbb{R}^2$ 中一个拟梯度场对应于的 A_2 型分岔, $i = 0$, 已画于图 29. 此分岔为局部的: 它在由图中卵形线包围的奇点的邻域外不改变.

命题 对任何流形 M 上的通有的单参光滑函数族 $f_t = F(\cdot, t)$, 函数 f_t 对几乎所有 t 均为 Morse 函数, 且对一个参数值 t 的有限集, 它将经历一 A_2 型分岔. 在此分岔下, 相关系数为 1 的一对相邻维数的胞腔或出现或消失.

特别地, 任两个 Morse 函数 $M \to \mathbb{R}$ 可以用满足这些条件的单参函数族联结起来.

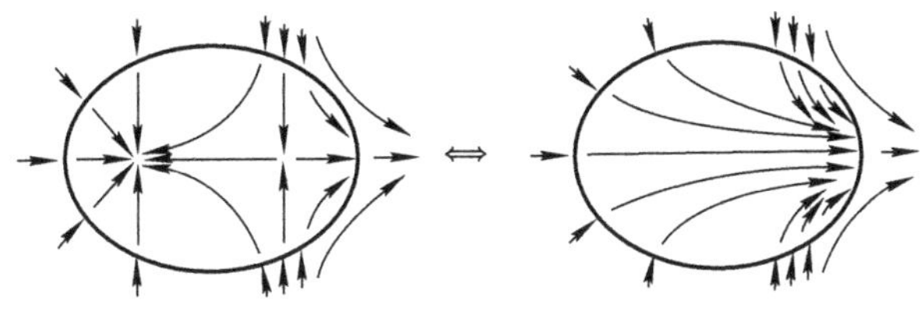

图 29

定理 设在一紧流形上给定正则 Morse 函数, 它有两个相邻指标的临界点, 且正好有一个通有拟梯度向量场的分界线, 始于低位临界点终于高位临界点. 那么此两临界点可以互相消去.

换言之, 存在一个函数的形变, 它不移动别的临界点, 但沿着联结它们的分界线吸引此两点, 使对应的分岔局部地相似于 (A_2 型的) Morse 分岔.

推论 一个紧连通无边界流形允许有一个正则 Morse 函数, 它只有一个局部极小以及一个局部极大.

为证明此推论, 考虑一个任意 Morse 函数以及相应胞腔复形的 1- 骨架. 设有多于一个极小点. 依假设, 此 1- 骨架为连通的, 从而存在一条具有不同端点的棱. 于是可以与此端点之一一起消去此棱. 重复此过程, 我们最终消去所有极小, 只剩一个. 局部极大点可用同法消去.

第十三章　上同调与 Poincaré 对偶

13.1 上　同　调

对一个 Abel 群 A, 在加法运算下, 所有同态 $A \to \mathbb{Z}$ 构成一个 Abel 群 $\mathrm{Hom}(A, \mathbb{Z})$. 称此群为 A 的对偶群, 记之为 A^*.

一个同态 $\varphi : A \to B$ 以反向作用诱导一个共轭同态 $\varphi^* : B^* \to A^*$. 事实上, 群 B^* 的一个元是一同态 $f : B \to \mathbb{Z}$; 它与同态 φ 的合成组成同态

$$\varphi^*(f) = f \circ \varphi : A \to \mathbb{Z}.$$

对偶概念使我们对一子群 $A \subset B$ 导出商群 B^*/I, 其中 I 是 A 的同态核, 即在 A 上为零的同态 $B \to \mathbb{Z}$ 的集.

考虑由自由 Abel 群组成的链复形

$$\cdots \to C_{i+1} \xrightarrow{\partial_{i+1}} C_i \xrightarrow{\partial_i} C_{i-1} \xrightarrow{\partial_{i-1}} \cdots .$$

考虑对偶群 $C^i = (C_i)^*$. 我们就得到对偶群的序列

$$\cdots \leftarrow C^{i+1} \xleftarrow{\delta^{i+1}} C^i \xleftarrow{\delta^i} C^{i-1} \xleftarrow{\delta^{i-1}} \cdots ,$$

此序列带有反向作用的共轭同态 $\delta^i = (\partial_i)^*$. 这个群与同态的序列满足链性质 $\delta\delta = 0$. 与链复形同调定义的情况略有不同, 与链复形的边缘同态不一样的是上边缘同态将增加指标 i. 但此差别并不重要; 对偶复形的同调可以用相仿方式定义:

$$H^i(C) = \ker \delta^{i+1}/\operatorname{im} \delta^i.$$

对偶复形的这些同调群称为原来复形的*上同调群*. 群 $\ker \delta^{i+1}$ 称为复形的 i *维上循环群*, 而 $\operatorname{im} \delta^i$ 是 i *维上边缘群*.

如果群 C_i 不是自由 Abel 群而是 Abel 群 G 的自由 G 模 (也就是几个 G 的拷贝的直和), 则得到相仿的理论, 而对偶群 C^i 定义为 $\operatorname{Hom}(C_i, G)$.

例如, 若 $A \subset X$ 为一拓扑空间的偶, 则相应的奇上链 $C^i(X, G)$ 的群是由奇单形 $\varphi : \Delta^i \to X$ 生成的空间 $C_i(X, G)$ 上的 G 值线性泛函, 而*相对上链群* $C^i(X, A; G)$ 是 $C^i(X, G)$ 的子群, 由那些在使 $\varphi(\Delta^i) \subset A$ 的单形 φ 上取零值的泛函组成.

这些上链复形的上同调群称为空间 X (或偶 (X, A)) 的*绝对或相对上同调群*, 取系数为 G, 并记为 $H^i(X, G)$ 和 $H^i(X, A; G)$. 若 $G = \mathbb{Z}$, 则简记为 $H^i(X)$ 和 $H^i(X, A)$.

这个定义直接推出上同调群的下面性质.

1. 存在一个明确定义的双线性映射

$$H^i \times H_i \to \mathbb{Z},$$

其中 H^i, H_i 与为同一链复形的上同调群及同调群.

事实上, 取 $\alpha \in H^i, \beta \in H_i$. 分别选出这些元在上循环群中及循环群中的代表 $\bar{\alpha}, \bar{\beta}$. 那么我们可以定义 $\langle \alpha, \beta \rangle$ 作为泛函 $\bar{\alpha}$ 在元 $\bar{\beta}$ 上的值. 但我们必须验证此值为明确定义, 即若加上来自 $\operatorname{im} \delta^i$ 与 $\operatorname{im} \delta_{i+1}$ 的元于 α, β 时, 此值不变. 例如取 $\gamma \in C^{i-1}$, 则因 $\partial_i \bar{\beta} = 0$ 有

$$\langle \delta^i \gamma, \bar{\beta} \rangle = \langle \gamma, \partial_i \bar{\beta} \rangle = 0.$$

2. 上同调群 H^i 的所有挠元含于对偶同调群 H_i 的同调核中. 事实上, 例如设 $\alpha \in H^i, k\alpha = 0, k \neq 0$, 则对任一 $\beta \in H_i$ 我们有

$$k \langle \alpha, \beta \rangle = \langle k\alpha, \beta \rangle = 0.$$

从而有 $\langle\alpha,\beta\rangle=0$.

3. 相互对偶的复形 (在 $\mathbb{Z}$ 上) 的同调群与上同调群的结构可以彼此表达. 即两者每一维数的 Betti 数 (即自由生成元的个数) 相同: $b^i=b_i$, 而挠群满足关系

$$\mathrm{Tors}^i\cong\mathrm{Tors}_{i-1}.$$

4. 考虑以挠群为模的群的双线性型

$$\left\langle H^i/\mathrm{Tors}^i, H_i/\mathrm{Tors}_i\right\rangle.$$

此形式为非退化, 即这些自由 Abel 群的阶相同, 且对任选的基元 α_j,β_k, 矩阵 $(\langle\alpha_j,\beta_k\rangle)$ 的行列式为 ±1.

特别地, 若 $\alpha\notin\mathrm{Tors}^i$ 则有一元 $\beta\in H_i$ 使 $\langle\alpha,\beta\rangle\neq0$. 我们让读者作为练习来证明此双线性型的非退化性.

如果系数群是一个域 F, 则无挠元. 因此, 这时我们得到正则对偶的向量空间 H^i 与 H_i. (此时对偶复形从群 $\mathrm{Hom}(C_i,F)$ 作出.)

上同调群可以用任一同调群的对偶性来定义: 单纯的, 奇的, 胞腔的, 等等以及我们能想到的同调理论. 注意对于三角剖分拓扑空间 (例如流形), 所有同调 (上同调) 群为正则同构.

13.2 无边界流形的 Poincaré 对偶

定理 令 M^n 为一光滑紧定向无边界流形, 则对所有 i 我们有自然 Poincaré 同构

$$H_i(M^n)\cong H^{n-i}(M^n).$$

特别地, 这个定理蕴涵存在一个非退化双线性映射

$$H_i(M)\times H_{n-i}(M)\to\mathbb{Z},$$

称为 *Poincaré* 对偶.

虽然定理的主要结论是建立了一些群的同构, 但此定理 (及其各式各样的推广) 由于上面的推论常被称为 “Poincaré 对偶定理”.

证明 令 f 为 M^n 上的正则 Morse 函数. 考察一链复形, 其群 C_i 由指标 i 的奇点的低分界线流形生成. 对偶群 C^i 可以看作由指标 i 的奇点的高分界流形生成. C^i 与 C_i 之间的双线性型可用显然方式定义: 两个始于同一点的分界线流形的双线性型等于 1 (如果定向相容), 而两个始于不同点的分界线流形的双线性型等于 0.

另一方面, 可以从函数 $-f$ 出发计算 M^n 的同调. 此时群 C_{n-i} 的生成元与群 C^i 的生成元正则等同. 相应的相关指标也与共轭算子的矩阵元完全一致. □

此映射的几何意义 映射

$$H_i \times H_{n-i} \to \mathbb{Z}$$

有一个直接几何解释. 一个 H_i 中的循环可实现为低分界线流形的线性组合, 而一个 H_{n-i} 中的循环可实现为高分界线流形的线性组合. 取所有指标 i 的临界点, 并关注所讨论的循环中的相应分界线流形的系数. 对每个点, 我们得到两个数. 这两个数必须在所有点上相乘与相加.

不容易对此几何意义给出应用, 因为它不但要求 Morse 函数知识, 还要求相应胞腔分解的明显作法.

立足于奇链的几何意义在应用中有时更方便. 令 $\alpha \in H_i(M)$, $\beta \in H_{n-i}(M)$ 为某同调类. 取奇循环, 即 i 维与 $n-i$ 维的实现这些类的单形. 我们必须假设所有这些映射为光滑.

因此我们有两个循环: 一个由 i 维单形组成, 另一个由 $n-i$ 维单形组成. 两个循环之一的一个小扰动能使两个循环规则相交, 即穿越相交. 光滑流形 L_1, L_2 到 M 的一个映射偶 $\psi_1 : L_1 \to M, \psi_2 : L_2 \to M$ 称为在两点 $(a_1 \in L_1, a_2 \in L_2)$ *穿越相交*, 若或者有 $\psi_1(a_1) \neq \psi_2(a_2)$, 或者有 $\psi_1(a_1) = \psi_2(a_2)$, 且在公共像点处的切空间由这些映射在第一微分下切空间的像生成:

$$\psi_{1*}(T_{a_1}L_1) + \psi_{2*}(T_{a_2}L_2) = T_{\psi_1(a_1)}M.$$

映射偶称为*穿越*, 若它在每一点偶处穿越. 特别地, 若

$$\dim L_1 + \dim L_2 < \dim M,$$

则穿越的意思是集合 $\psi_1(L)$ 与 $\psi_2(L)$ 不相交.

所说的两个循环的一个小扰动将所有交点变为最大维数 i 和 $n-i$ 的单形的内点, 且使此相交为穿越. 于是可以给交集的内点联系上一个下面的数. 单形为定向, 且其切空间的映射为非退化; 从而我们可以视 M 的固定定向是否与下一个单形定向所诱导的定向一致而对每一交点联系上数值 ± 1. 这些数必须用循环中的单形的系数相乘, 并对所有交点相加.

容易验证这样得到的数与同调类中循环的代表的选择无关. 换言之, 若 $\delta \in C_{n-i+1}$, 则在将 $\beta+\partial\delta$ 替代为 β 时相交指标 $\langle\alpha,\beta\rangle$ 不变. 只要对 δ 为单个单形情形证明即可. 此时 α 与 δ 的交为单形中的一维子复形, 即它由一个或多个 (闭或非闭) 曲线组成. 非闭曲线的端点被分割成点偶, 而对应于 (相交指标 $\langle\alpha,\partial\delta\rangle$ 的表达式中的) 每一非闭曲线的初点与终点的符号相反, 因此彼此相消. 结果, 一个单形的边界的相交指标为零.

13.3 带边界流形与非紧流形

现在让我们一步一步去掉对偶定理结论中的多余假设. 从无边界定向流形开始. 此时有

$$H_i(M^n) \cong H^{n-i}(M^n, \partial M^n),$$
$$H^i(M^n) \cong H_{n-i}(M^n, \partial M^n).$$

可以与前文一样严格证明: 从一个在边界上取极小值、并在边界上的限制取常值的 Morse 函数 f 出发, 并用此函数计算按低分界线流形的相对同调; 而后用函数 $-f$, 计算按低分界线流形的绝对上同调. 另一个同构可用同法证明.

现在考虑一个光滑但非紧的可定向无边界流形 M^n.

任何局部紧拓扑空间 X (例如任何流形) 同胚于紧空间 $\overline{X}$——称为 X 的紧化空间——的一个开子集. 此外, 每一 (非紧) 流形 X 允许有一个一点紧化空间, 即 $\overline{X}\backslash X$ 为一单点. 例如空间 $\mathbb{R}^m$ 的单点紧化是球面 S^m.

对非紧流形 M, 我们定义它的 *Borel-Moore* 同调群为

$$\overline{H}_i(M^n) \equiv H_i(\overline{M^n}, *),$$

其中 $\overline{M^n}$ 是 M^n 的一点紧化, 而 $*$ 是附加点. (但注意, 可以取 M^n 的任何别的紧化 $\overline{M^n}$; 此时相对同调必须取一附加集以代替点 $*$).

此时我们有下面的 *Poincaré-Lefschetz* 对偶

$$\overline{H}_i(M^n) \cong H^{n-i}(M^n), \quad \overline{H}^i(M^n) \cong H_{n-i}(M^n).$$

带边界流形的 Poincaré 对偶由 Poincaré-Lefschetz 对偶推出:

$$H_i(M, \partial M) \cong \overline{H}_i(M \backslash \partial M) \cong H^{n-i}(M),$$
$$H_i(M) \cong \overline{H}^{n-i}(M \backslash \partial M) \cong H^{n-i}(M, \partial M).$$

Poincaré-Lefschetz 对偶定理可以借助于非紧流形的 Morse 理论予以证明. 我们将一个非紧流形嵌入到 $\mathbb{R}^N$ 作为一闭正则子流形, 取一个到 $\mathbb{R}^N \backslash M$ 中适当点的距离作为有下界的 Morse 函数. 那么一个 M 上的胞腔复形结构可用此函数的临界点的低分界线集来特定, 而 $\overline{M}$ 上的 (对偶) 胞腔结构的胞腔对应于高分界线集和附加点.

13.4 不可定向流形

有关 Poincaré 对偶的所有事实, 对于不可定向流形的系数在域 $\mathbb{Z}_2$ 上的同调与上同调都能保持下来.

13.5 Alexander 对偶

定理 令 X 为 CW 复形 S^N 的一闭 (因而也为紧) 子集, 则对任一 i, 我们有同构式

$$\tilde{H}^i(S^N \backslash X) \cong \tilde{H}_{N-i-1}(X).$$

(我们记得 $\tilde{H}_i(X)$ 是以一点为模的约化同调.)

此结论是 Poincaré-Lefschetz 对偶的直接推论. 事实上 $S^N \backslash X$ 为一光滑流形, 而由 Poincaré-Lefschetz 定理, 同构式

$$\tilde{H}^i(S^N \backslash X) \cong \overline{H}_{N-i}(S^N \backslash X)$$

成立. 此外有

$$\overline{H}_{N-i}(S^N\backslash X) \cong H_{N-i}(S^N\backslash X) \cong \tilde{H}_{N-i-1}(X),$$

其中第二个同构来自偶的正合列.

这里球面 S^N 可用任意可定向的 $N-i-1$ 维与 $N-i$ 维无循环 (即有 $H_{N-i-1}(M^n)=0$ 且 $H_{N-i}(M^n)=0$) 流形 M^n 代替. 为得出偶的正合列中的同构, 流形必须为无循环. 在这些假定下我们得到同构式

$$\tilde{H}^i(M^n\backslash X) \cong \tilde{H}_{N-i-1}(X).$$

下标可以提升, 上标可以下降, 所以我们还得到同构式

$$\tilde{H}_i(M^n\backslash X) \cong \tilde{H}^{N-i-1}(X).$$

上面定义的 *Alexander* 同构诱导了一个双线性映射

$$\tilde{H}_i(S^N\backslash X) \otimes \tilde{H}_{N-i-1}(X) \to \mathbb{Z},$$

称为 *Alexander* 对偶.

这个双线性型为非退化, 即相应自由 Abel 群 $H_*/\mathrm{Tors}\, H_*$ 之间的双线性型的矩阵为 1-模 (即一整数元的行列为 ± 1 的矩阵). 从几何观点来看, 此双线性型与链接指标有关. 考虑一个循环 $\alpha \in \tilde{H}_i(S^N\backslash X)$ 与一个循环 $\gamma \in \tilde{H}_{N-i-1}(X)$. 循环 γ 在视为 S^N 中的一循环时, 同调于零. 因此, 有一个生成此循环的卷片, 即 γ 是某一奇链 $\Gamma \in C_{N-i}(S^N)$ 的边界. 元 α 与元 γ 的双线性型应定义为此链的卷片 Γ 与 $S^N\backslash X$ 中循环的相交指标.

此指标与 Γ 的选择无关: 若 Γ' 为另一满足条件 $\partial\Gamma' = \gamma$ 的链, 则 $\Gamma - \Gamma'$ 为 S^N 中的一个绝对循环, 从而它与 α 相交的指标等于 0.

成立. 此外有

$$\tilde H_{N-1}(S^N\setminus X)\cong H_{N-1}(S^N\setminus X)\cong \check H_{N-n-1}(X),$$

其中第二个同构来自前面的正合列.

对于球面 S^N 可用任意可定向的 $N-(\ldots)$ 维与 N 维无循环 (即有 $H_{N-1}(M^n)=0$ 且 $H_{N-1}(M^n)=0$) 流形 M^n 代替. 为得出前面正合列中的同构, 流形必须为无循环. 在这些假设下我们得到同构式

$$\tilde H^q(M^n\setminus X)\cong \check H_{N-q-1}(X)$$

下标可以提升, 上标可以下降, 所以我们还得到同构式

$$H_q(M^n\setminus X)\cong \check H^{N-q-1}(X).$$

[illegible]

第十四章　同调理论的一些应用

现在让我们从同调理论观点来关注早先在较为粗糙水平上研究的一些作法与概念.

14.1　Hopf 不变量

在第六章中我们考察过 Hopf 纤维映射

$$S^3 \xrightarrow{S^1} S^2$$

并用它证明 $\pi_3(S^2) = \mathbb{Z}$. 现在我们可以作出一个不变量, 以区别代表同伦群不同元的球面映射 $S^3 \to S^2$.

考虑一个连续映射 $\varphi : S^3 \to S^2$. 依 "Weierstrass 逼近定理", 可设此映射为光滑. 又由 Sard 引理, 球面 S^2 的几乎所有点均为此映射的正则值. 一个正则值的原像为 S^3 中一光滑子流形. 它为一维且为闭. 因此这样的原像是三维球面中的圆的并. 若球面 S^2 与 S^3 均为定向, 则其原像拥有诱导定向. 事实上, 在 S^3 中考察一个二维曲面的小片, 它与子流形 $X = \varphi^{-1}(a)$ 在某点穿越相交. 此小片已依 φ 取成与 S^2 微分同胚, 因此它将继承来自 S^2 的定向. 此定向连同 S^3 上的定向诱导 X 上的定向.

现在令 a 与 a' 为两个非临界值, 则对原像 $\varphi^{-1}(a)$ 与 $\varphi^{-1}(a')$ 的链接指标可如下定义. 令 $X = \varphi^{-1}(a)$, 则 $\varphi^{-1}(a')$ 含于 $S^3\backslash X$ 中. 因此 $H_1(X)$ 中对应于循环 X 的类与 $H_1(S^3\backslash X)$ 中对应于循环 $\varphi^{-1}(a')$ 的类的链接指标定义明确.

可以看出球面 S^2 的定向对于 $\varphi^{-1}(a), \varphi^{-1}(a')$ 的链接数并不重要. 事实上可改变定向为反向, 则两个流形 $\varphi^{-1}(a), \varphi^{-1}(a')$ 的定向也改变; 而生成 $\varphi^{-1}(a')$ 的链的卷片的定向也改变. 因此链数保持不变. 改变球面 S^3 的定向即反转了两个子流形的定向, 特别地, 也反转此卷片的定向. 但背景空间 S^3 的定向已经用过一次, 即在交点的符号的定义中, 与从相交链定向得到的局部定向进行比较. 因此我们可断言链接数也将变号.

链接数对于点 a 与 a' 点是对称的. 更一般地, S^3 中一对 (多分支) 不交定向闭曲线 L^1, L^2 的链接数 $\langle L^1, L^2\rangle$ 也对称:

$$\langle L^1, L^2\rangle = \langle L^2, L^1\rangle .$$

现在我们验证流形 $\varphi^{-1}(a)$ 与 $\varphi^{-1}(a')$ 的链接数与 a, a' 点的选择无关, 即它是球面映射的不变量 (此不变量称为 *Hopf* 不变量). 将点偶 a, a' 从一个位置连续地移动到 S^2 中的另一位置. 只有当这些点中的一个碰到不可避免的临界值时, 流形 $\varphi^{-1}(a), \varphi^{-1}(a')$ 的整个拓扑结构要产生可疑变化 (见图 30). 图 31 展示了映射 φ 的临界值集的一维小片上所出现的有关集 $\varphi^{-1}(a)$ 的种种分岔. 这些分岔都是局部的: 一点的原像在另一点的原像的补空间中可代替为一个同调于原来点的循环. 因此当我们通过临界值的集合时链接数不变.

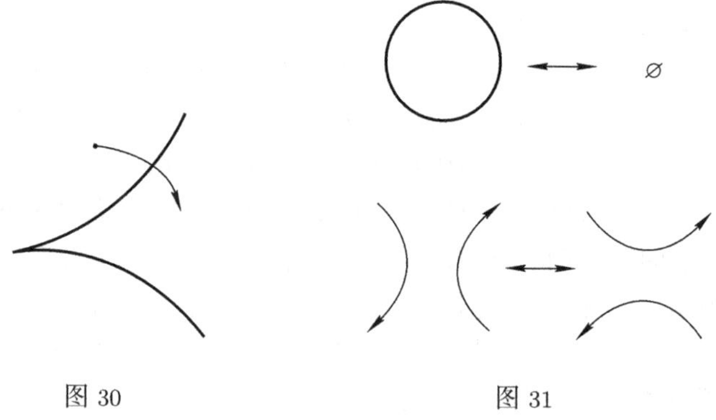

图 30　　图 31

现在我们可以来证明链接数对于同伦的不变性. 考虑两个不同的同伦映射 $S^3 \to S^2$. 在映射空间中用一条道路联结它们. 此道路的任一点有一小邻域使得其中的链接数不变. 要证明此点, 只需在临界值集较远处取点的原像, 并注意链接数与此点的选择无关这件事, 即可得证. 现在线段的紧性蕴涵链接数沿整个线段为常值.

14.2 映射的度

令 $\varphi : M^n \to L^n$ 是连通紧定向无边界流形 (相同维数) 的光滑映射. 我们记得映射 φ 的度定义如下. 取此映射的一个非临界值并考察它的原像中的所有点. 限制在这些点任一个的邻域内, 映射便是映至其像的微分同胚, 因此依照此微分同胚是否保持定向, 可给原像的每一点联系上一个符号. 这样得到的所有这些数 ± 1 的和称为映射的度.

用同调语言, 映射的度可用下面办法定义. 群 $H_n(M^n)$ 与 $H_n(L^n)$ 同构于 $\mathbb{Z}$ 且由基本循环 $[M^n]$ 与 $[L^n]$ 生成; 这种生成元循环的选择对应于一个定向的选择. 因此, 映射 $[\varphi]$ 将同调类 $[M^n]$ 变成 $[L^n]$ 的倍数: 对某整数 α 有 $\varphi_*([M^n]) = \alpha[L^n]$. 此数 α 正好是映射的度.

14.3 向量场的总指标等于 Euler 示性数

令 v 为流形 M^n 上具孤立奇点的向量场. 我们定义一个孤立奇点的指标是 (中心在此点的) 小球面到自身的诱导映射的度. 所有奇点的指标和称为此向量场的总指标.

定理 总指标与向量场的选择无关.

这个定理的一个初等证明立足于微分方程理论的下面基本事实.

1. 一个通有 (即 "几乎所有") 向量场仅有指标为 1 与 -1 的孤立奇点, 且在任一点的邻域中拓扑地 (但一般地也不光滑) 与一适当 Morse 点的邻域中的梯度向量场相似.

2. 由指标的可加性推知只要对 "通有" 向量场证明我们的结论即可.

3. 对于任两个通有向量场, 在所有向量场的空间用一条道路联结, 且这样的道路仅含有有限个下述两类分岔点. 在第一类分岔点处, 有一对具有反号指标的奇点, 它们或者产生或者消失; 每一这种分岔拓扑等价于通有 Morse 分岔, 见图 29. 这里, 向量场在联结消失奇点的线段邻域外为不变.

在第二类分岔点处, 向量场线性部分的复共轭特征值通过虚轴线, 对 $n=2$, 存在产生 (或消失) 极限环的分岔, 见图 32. 容易证明此分岔不改变总指标.

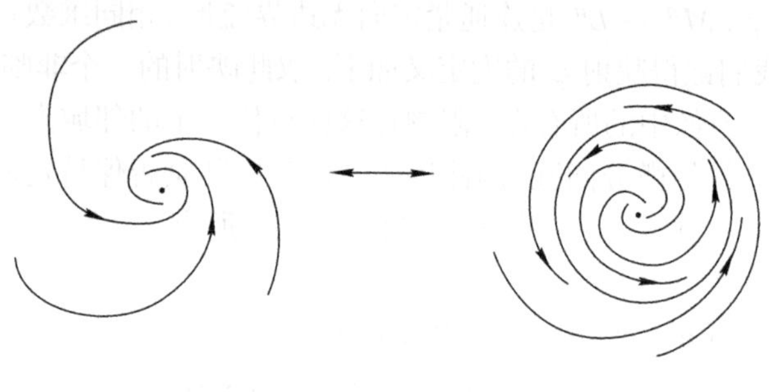

图 32

现在我们用同调理论来证明这个定理; 此外我们还要证明总指标与流形上的 Euler 示性数相等. 不失一般性可设 M^n 为可定向. 否则的话可去考虑 M^n 的定向覆叠, 也就是对应于 $\pi_1(M^n)$ 中指标 2 的子群的二重覆叠, 它由保定向的闭路组成. 当向量场提升到此覆叠上时, 我们将任何指标的奇点的个数乘以 2, 而此覆叠的 Euler 示性数也是 M^n 的 Euler 示性数的 2 倍. 令 M^n 为一紧可定向无边界流形, 再令 $TM^n \to M^n$ 为一切丛. 考察这个丛的两个截片. 第一个截片将流形的每一点映至此给定场 v 在这个点处的向量, 第二个截片则将每一点映到零向量. 考虑 TM^n 中两个 n 维循环 $v(M^n)$ 与 $o(M^n)$, 它们对应于 M^n 的基本循环在这些截片下的像.

虽然流形 TM^n 为非紧, 但两个 n 维同调类的相交指标

$$\langle v(M^n), o(M^n)\rangle$$

在此情形下定义明确. 对于非紧流形我们有 H_i 与 $\overline{H}_{n-i}$ 之间的双线性型. 这两循环均为寻常同调. 幸尔我们有正则同态 $H_i \to \overline{H}_i$

(以非紧空间为约化模):

$$H_i(X) \to H_i(\overline{X}, *) = \overline{H}_i(X).$$

换言之, X 可被嵌入到它的一点紧化空间 $\overline{X}$, 且同调群为点 $*$ 的约化模. 因此可以将两个循环 $v(M^n), o(M^n)$ 中的一个视为寻常循环, 另一个则视为紧化空间中的循环 (与我们选什么循环没什么关系).

结果我们对向量场 v 联系上了数

$$\langle v(M^n), o(M^n)\rangle .$$

我们证明此数与向量场的总指标相等.

任何向量场均可以形变为另一个向量场. 这种形变将 $v(M^n)$ 变成一个同调循环.

$v(M^n)$ 与 $o(M^n)$ 的交点正好是 v 的奇点. 在局部坐标下此向量场具有形状

$$v = v_1 \frac{\partial}{\partial x_1} + \cdots + v_n \frac{\partial}{\partial x_n}.$$

可将奇点取成局部坐标的原点. 那么对甚小的 x 我们有下面的 Taylor 展式:

$$v_i(x) = \sum \alpha_{ij} x_j + O(|x|^2), \quad x \to 0.$$

称一奇点为非退化, 若矩阵 (α_{ij}) 非退化.

(注意, 在总指标不变性的初等证明中, 通有性包含的内容是有限制的. 那就是, 附加要求矩阵特征值的实部为非零. 例如, 平面上向量场 $v(x, y) = (y, -x)$ 的奇点 0 为非退化的, 但非通有: 拓扑上它不等价于任何函数的梯度.)

设向量场的所有奇点均为非退化. 此条件等价于截片 $v(M^n)$ 与 $o(M^n)$ 的穿越相交性. 事实上, 奇点邻域中局部坐标的选择使 TM^n 与 $M^n \times \mathbb{R}^n$ 在此邻域中相同. 于是切丛的一个截片 v 可视为一个映射 $M^n \to \mathbb{R}^n$, 它在 $M^n \times \mathbb{R}^n$ 中的图为点 $(x, v(x)), x \in M^n$ 的集, 且矩阵 (α_{ij}) 为此映射的微分的坐标表示.

向量场非退化奇点的局部指标正好等于循环 $v(M^n)$ 与循环 $o(M^n)$ 的局部相交指标. 此指标等于矩阵 (α_{ij}) 的行列式的符号. 因此, 向量场的总指标便是 $v(M^n)$ 与此循环 (以及任何别的对应此截片的循环) 的 (大范围) 相交指标. 改变场 v, 则循环 $v(M^n)$ 改成同调的循环, 因此大范围的相交指标不会改变.

要证明一向量场的总指标等于流形的 Euler 示性数, 只要对一个向量场验证即可. 为此最方便的是用任一 Morse 函数的梯度向量场. 这时, 向量场 grad f 在奇点 α 处的指标 ind grad $f(\alpha)$ 等于 $(-1)^{\mathrm{ind}\, f(\alpha)}$, 其中 ind $f(\alpha)$ 表示 Morse 函数在奇点 α 处的指标, 也就是对应于此点的黏合胞腔的维数. 显然, 这样的向量场的奇点指数之和等于流形的 Euler 示性数.

第十五章　上同调（与同调）中的乘法

上同调具有一些重要性质, 但它们对同调却不是内在性质. 例如一拓扑空间的上同调类可以相乘, 而同调类的自然乘法却少有定义. 用代数语言来说, 上同调是个 "反变函子". 一个映射 $\varphi:\ X \to Y$ 在同调中诱导一个同方向作用的映射

$$H_*(X) \xrightarrow{\varphi_*} H_*(Y)$$

而在上同调中诱导一个反方向作用的映射

$$H^*(X) \xleftarrow{\varphi^*} H^*(Y).$$

上同调中构造乘法的过程分两步走. 第一步便是营造上同调与同调的无差别性.

15.1　笛卡儿积的同调群与上同调群

可以借助下面的代数运算来描述这些群.

张量积　给定两个 Abel 群 A, B, 它们的张量积 $A \otimes B$ 定义为以所有点偶 $(a, b) \in A \times B$ 为生成元的自由 Abel 群的商群, 其因子

群即由所有下型关系生成的子群:

$$(a+a',b)-(a,b)-(a',b) \quad 和 \quad (a,b+b')-(a,b)-(a,b'). \tag{1}$$

下面基本性质是定义的直接推论, 它能使我们对任何有限生成的 A 与 B 确定 $A\otimes B$ 的构造:

1) $A\otimes B\cong B\otimes A$;

2) $(A\oplus A')\otimes B\cong(A\otimes B)\oplus(A'\otimes B)$;

3) 对任一 G, $\mathbb{Z}\otimes G\cong G$;

4) 若 p,q 为相异互素数, 则 $\mathbb{Z}_{p^k}\otimes\mathbb{Z}_{q^l}\cong\{0\}$;

5) $\mathbb{Z}_{p^k}\otimes\mathbb{Z}_{p^l}\cong\mathbb{Z}_{p^{\min(k,l)}}$.

特别有 $\mathbb{Z}^m\otimes\mathbb{Z}^n\cong\mathbb{Z}^{mn}$.

此算子的一个重要性质如下: 对任一 Abel 群 C, 同态 $A\otimes B\to C$ 与映射 $l:A\times B\to C$ 之间有一个正则一一对应, 其中映射 l 对两个因子均为线性 (即 $l(a+a',b)\equiv l(a,b)+l(a',b), l(a,b+b')\equiv l(a,b)+l(a,b')$).

用同样的方法, 给定一个 Abel 群 Λ 及两个 Λ 模 A, B, 它的 Λ 张量积 $A\otimes_\Lambda B$ 是以所有点偶 $(a,b)\in A\times B$ 为生成元的自由 Λ 模 (即群 Λ 的拷贝的直和) 的一个商模, 其因子模除 (1) 外还包含所有下型关系

$$(\lambda a,b)-\lambda(a,b) \quad 和 \quad (a,\lambda b)-\lambda(a,b), \quad \lambda\in\Lambda.$$

前述定义是此定义对应于 $\Lambda=\mathbb{Z}$ 时的特例 (因为任一 Abel 群为一 $\mathbb{Z}$ 模). Λ 模的同态 $A\otimes_\Lambda B\to C$ 与映射 $A\times B\to C$——对 A, B 两者均为 Λ 线性——之间存在一一对应.

若 $\Lambda=F$ 为一域, 则有限生成的 F 模 A, B 为向量空间, 即对某 k, l 有 $A\cong F^k, B\cong F^l$ 且 $A\otimes_F B\cong F^{kl}$.

若 A 与 B 为分次群, 即有固定分解 $A=A_0\oplus A_1\oplus A_2\oplus\cdots$ 及 $B=B_0\oplus B_1\oplus B_2\oplus\cdots$, 则其张量积允许有一标准分次关系: 依定义, 群 $(A\otimes B)_i$ 等于

$$(A_0\otimes B_i)\oplus(A_1\otimes B_{i-1})\oplus\cdots\oplus(A_i\otimes B_0).$$

给定两个拓扑空间 X 与 Y, 则得张量积

$$H^*(X)\otimes H^*(Y)\to H^*(X\times Y), \tag{2}$$

$$H_*(X) \otimes H_*(Y) \to H_*(X \times Y). \tag{3}$$

此处群 H^* 与 H_* 可视为对于 (按维数) 自然分次关系的分次群.

从形式几何观点来看, 同态

$$H_*(X) \otimes H_*(Y) \to H_*(X \times Y)$$

可理解为对一个循环偶给以直积. 此同态的精确定义如下. 我们从上同调中一个同态开始. 令 X, Y 为局部有限胞腔空间 (即每一点有一邻域仅与有限个胞腔相交). 那么 $X \times Y$ 为一胞腔空间, 其胞腔是 X 与 Y 胞腔的直和. 考虑一个胞腔上环 $\alpha \in C^i(X)$ 与一个胞腔上链 $\beta \in C^j(Y)$. 胞腔上链 $\alpha \times \beta$ 定义如下. 若 σ 为一 X 中的定向 i 维胞腔, 且 τ 为一 Y 中定向 j 维胞腔, 则 $\sigma \times \tau$ 为一 $X \times Y$ 中的 $i+j$ 维定向胞腔. 我们取

$$(\alpha \times \beta)(\sigma \times \tau) = (-1)^{ij}\alpha(\sigma)\beta(\tau),$$

并同意让 $\alpha \times \beta$ 在每一使 σ' 的 (τ' 的) 维数不等于 $i(j)$ 的胞腔 $\sigma' \times \tau'$ 上取零.

由定义直接推出

$$\delta(\alpha \times \beta) = \delta\alpha \times \beta + (-1)^i \alpha \times \delta\beta.$$

因此上面作出的映射

$$C^i(X) \otimes C^j(Y) \to C^{i+j}(X \times Y)$$

降格成上同调类的一个映射, 即上同调类 α, β 确定唯一一个上同调类 $\alpha \times \beta$.

在同调里相应的算子定义如下. 取 $a = \sum g_k \sigma_k, b = \sum h_l \tau_l$, 其中 g_k, h_l 为整数, σ_k 和 τ_l 分别为 X 和 Y 中的胞腔. 那么取链 $a \times b$ 等于

$$\sum_{k,l} g_k h_l (\sigma_k \times \tau_l).$$

此运算又满足公式

$$\partial(a \times b) = \partial a \times b + (-1)^i a \times \partial b.$$

此公式推出, 上面作出的链上的运算可降格为同调类的映射.

这两个运算 (在同调与上同调中) 互相有关. 即对两个类的偶

$$\alpha \in H^i(X), \beta \in H^j(Y), \quad a \in H_i(X), b \in H_j(Y)$$

我们有

$$\langle \alpha \times \beta, a \times b \rangle = (-1)^{ij} \langle \alpha, a \rangle \langle \beta, b \rangle .$$

15.2 上同调的乘法

现在让我们来解释上同调中乘法定义的第二步. 这里上同调的反变性显得十分重要. 存在一个明确定义的 X 映入 $X \times X$ 的正则嵌入, 即对角映射: 一点 $x \in X$ 映成 $(x, x) \in X \times X$. 此嵌入诱导一个映射 $H^*(X \times X) \to H^*(X)$. 因此可以考虑映射

$$H^*(X) \otimes H^*(X) \to H^*(X \times Y) \to H^*(X)$$

的合成. 结果我们得到 $H^*(X)$ 上的一个环结构. (在同调论里没有这种合成.) 这个乘法记之为 $\smile$, 称为 “上积 ”.

我们已经在胞腔空间的胞腔的上同调群里引进一个乘法. 更一般地, 也可以在合适的拓扑空间 X 的奇上同调里引进环结构. 但这个定义比起胞腔上同调来更缺乏透明性.

考察奇上链 $\gamma \in C^i(X)$ 与 $\varepsilon \in C^j(X)$. 这些上链给每一 i 维或 j 维奇单形联系上一个数, 则上链 $\gamma \smile \varepsilon \in C^{i+j}(X)$ 可定义如下. 取一标准 $(i+j)$- 单形 Δ^{i+j}, 以 $(0, 1, \cdots, i+j)$ 为顶点. 令 $\Delta^i = (1, 2, \cdots, i)$ 为其由前 i 个顶点生成的面, 令 $\tilde{\Delta}^j$ 为面 $(i, i+1, \cdots, i+j)$. 那么它们是 i- 单形与 j- 单形. 上链 $\gamma \smile \varepsilon$ 在奇单形 $\psi : \Delta^{i+j}$ 上的值定义为上链 γ 在奇单形 $\psi|_{\Delta^i}$ (即映射 ψ 在面 Δ^i 上的限制) 上的值, 乘以上链 ε 在单形 $\psi|_{\tilde{\Delta}^j}$ 上的值:

$$\left\langle \gamma \smile \varepsilon, \psi(\Delta^{i+j}) \right\rangle = \left\langle \gamma, \psi(\Delta^i) \right\rangle \left\langle \varepsilon, \psi(\Delta^j) \right\rangle .$$

上法定义的运算可以拓广到上同调类的映射: 它满足与前面相同的边缘公式. 在上同调层次上此运算与胞腔上同调中引进的运算是相同的.

在分析上同调中的乘法的例子前, 让我们讨论一下群 $H^*(X\times Y)$ 的结构. 我们前面说过, 对于类

$$\alpha \in H^i(X), \beta \in H^j(Y), \quad a \in H_i(X), b \in H_j(Y)$$

我们有

$$\langle \alpha \times \beta, a \times b \rangle = (-1)^{ij} \langle \alpha, a \rangle \langle \beta, b \rangle . \tag{$*$}$$

此式蕴涵着 (15.1 节中) 映射 (2) (3) 是以挠群为模的包含映射 (事实上它们也是通常的包含映射, 但我们在此不加证明).

说一下这句话的意思. 设我们考虑系数在域 F 的同调与上同调. 此时映射 (2),(3) 为包含映射. 事实上, 在 $H^*(X)$ 中选一域 F 上的基, 在 $H_*(X)$ 中选一对偶基. 对空间 Y 同样处理. 则 $H^*(X) \otimes H^*(Y)$ 中的基是所选基的直积. 看一下 $H_*(X) \otimes H_*(Y)$ 中一个相似的基. 考虑一个矩阵, 其元是这些基的元在映射 (2) (3) 下的像的纯量积. (这些元分别具有形状 $\alpha \times \beta$ 与 $a \times b$.) 依公式 $(*)$ 此矩阵为对角形, 对角元为 ± 1. 这就说明在映射 (2) 与 (3) 的像的基元之间不存在任何关系.

事实上这些包含映射甚至是以挠群为模的同构映射, 特别是下面定理成立.

Künneth 定理 (对域的特殊情形)　*若我们考虑系数在一域上的同调与上同调, 则包含映射 (2), (3) 均为同构.*

让我们给出此定理的一个更一般的版本 (但还不是最一般的版本). 考虑所谓弱整同调群 $H_*(X)/\mathrm{Tors}_*$. 在弱同调与上同调间的双线性型为非退化. 于是 Künneth 定理的一个版本是说, 对弱同调而言, 映射 (2) (3) 仍为同构.

对 $\mathbb{Z}$ 上的寻常同调, 这些映射还是包含映射, 而不一定是同构.

15.3　上同调乘法的例子及其几何意义

让我们描述二维环面 T^2 的上同调环. 只需计算基元的乘法即可. 环面上的一维循环是闭曲线的线性组合. 这样的曲线提供沿环面中线旋转的某一次数, 以及绕平行线旋转的某一次数. 在一闭曲线上, 一个基上循环在一个方向取得值, 即等于旋转数, 第二个基上循环取得另一方向的旋转数.

我们来证明此环面的基 1- 上循环的积等于 $H^2(T^2)$ 中基本循环取值为 1 的基上循环. 用这样的方式选定基本循环的定向: 第一个 (第二个) 基向量继以沿一循环旋转, 要求此循环使第一个 (第二个) 基上循环取正值.

在我们弄清楚流形上同调乘法的几何意义后, 所要证明的结论便十分显然. 令 X 为一 n 维光滑定向紧无边界流形. 考虑两个上同调类 $\alpha \in H^i(X)$ 与 $\beta \in H^j(X)$. 元 $\alpha \smile \beta \in H^{i+j}$ 可如下描述.

Poincaré 同构将元 $\alpha \in H^i(X)$ 与元 $\beta \in H^j(X)$ 分别映成元 $\hat{\alpha} \in H_{n-i}(X)$ 与元 $\hat{\beta} \in H_{n-j}(X)$. 若 $(n-i)+(n-j)=n$, 即 $i+j=n$, 则得到的相交指标有明确定义. 于是有

$$\alpha \smile \beta = \left\langle \hat{\alpha}, \hat{\beta} \right\rangle [X]^*,$$

其中 $\left\langle \hat{\alpha}, \hat{\beta} \right\rangle$ 是相交指标, 而 $[X]^*$ 是基本上环, 即在基本循环上取值 1 的群 $H^*(X) \cong \mathbb{Z}$ 的基元. 若同调类的维数不互补, 则可以作同样的事. 选择具有一般位置的构成循环的单形. 那么两个循环的交可以表示成一个 $n-(i+j)$ 维的循环. 再一次用 Poincaré 对偶, 我们就给此循环联系上维数为 $i+j$ 的对偶上同调类.

在环面的情况下, 沿一基循环的旋转数可以视为它与另一个基循环的相交指标. 两个基循环的相交指标等于 1. 因此, 所要的二维上循环 (基 1- 上循环的积) 是 T^2 的基本上循环.

现在令 $X=\mathbb{R}P^n$. 我们记得对所有维数 $0,1,\cdots,n$, 群 $H^i(X,\mathbb{Z}_2)$ 等于 $\mathbb{Z}_2$, 对别的维数为平凡群. 我们来计算环 $H^*(X,\mathbb{Z}_2)$ 中的乘法结构.

群 $H^1(\mathbb{R}P^n,\mathbb{Z}_2)$ 的基元 α 可以用与超截平面 $\mathbb{R}P^{n-1} \subset \mathbb{R}P^n$ 的相交指标来表示. 为计算 $\alpha^i \in H^i(\mathbb{R}P^n,\mathbb{Z}_2)$, 选 i 使截面有一般位置: 它们可视为 $\mathbb{R}^{n+1}$ 中通过点 0、且位于由方程 $x_1=0,\cdots,x_i=0$ 确定的超平面上的直线组成的空间. 所得到的 $n-i$ 维子流形定义一个非零同调类: 事实上, 它的由 $x_{i+1}=\cdots=x_n=0$ 定义的 i 维子流形的相交指标等于 1 (由 x_{n+1} 轴表示).

因此环 $H^*(\mathbb{R}P^n,\mathbb{Z}_2)$ 同构于去孔多项式环 $\mathbb{Z}_2[\alpha]/\{\alpha^{n+1}\}$.

15.4 上同调乘法的主要性质

1) 结合律: $(\alpha\smile\beta)\smile\gamma=\alpha\smile(\beta\smile\gamma)$;

2) 反交换律: $\alpha\smile\beta=(-1)^{\deg\alpha\deg\beta}\beta\smile\alpha$;

3) 自然律: 对一个映射 $\varphi: X\to Y$ 与任两个 $\alpha,\beta\in H^*(Y)$, 关系

$$\varphi^*(\alpha)\smile\varphi^*(\beta)=\varphi^*(\alpha\smile\beta)$$

在 X 的上同调中成立.

所有这些性质均可从奇上链的乘法直接得出.

15.5 与 de Rham 上同调的联系

若 X 为一光滑流形, 则将导致外微分, 特别地, 导致分析与微分几何中研究过的外微分型的 *de Rham* 复形

$$\cdots\to\Omega^i\to\Omega^{i+1}\to\cdots,\quad i\leqslant n.$$

这个复形的上同调群正则同构于 X 的系数为 $\mathbb{R}$ (或为 $\mathbb{C}$, 若研究 $\mathbb{C}$ 值微分型) 的奇上同调群. 两个上同调群间的同构由一个积分给出: 可以定义一个闭微分型在一 (逐段光滑) 奇循环上的积分; 此积分只依赖于循环的同调类与微分型的上同调类. 微分型的外积算子 $\wedge$ 对应于上同调中的乘法.

15.6 Pontryagin 乘法

有时候也可在同调群中引进一个乘法

$$H_*(X)\otimes H_*(X)\to H_*(X).$$

对同调情形, 我们要求一个特殊映射 $X\times X\to X$. 通常没有这样的自然映射. 但这样的映射确实存在, 例如若 X 为拓扑空间. 在这种情况下出现的同调乘法便称为 *Pontryagin* 乘法.

空间 X 不一定为一群. 仅需要它为一连续映射 $X\times X\to X$, 且要求模型化在同伦水平上群乘法的性质. 具有这样映射的一个重要空间便是任一拓扑空间的闭路空间.

符号索引

(号码为章节标号)

名词索引

(号码为章节标号)

郑重声明

高等教育出版社依法对本书享有专有出版权。任何未经许可的复制、销售行为均违反《中华人民共和国著作权法》，其行为人将承担相应的民事责任和行政责任；构成犯罪的，将被依法追究刑事责任。为了维护市场秩序，保护读者的合法权益，避免读者误用盗版书造成不良后果，我社将配合行政执法部门和司法机关对违法犯罪的单位和个人进行严厉打击。社会各界人士如发现上述侵权行为，希望及时举报，本社将奖励举报有功人员。

反盗版举报电话　(010) 58581897　58582371　58581879

反盗版举报传真　(010) 82086060

反盗版举报邮箱　dd@hep.com.cn

通信地址　北京市西城区德外大街4号　高等教育出版社法务部

邮政编码　100120